中等职业学校公共基础课程配套教学用书

# 物 理

U0181373

## 学习指导与练习

### 机 械 建 筑 类

高等教育出版社 教材发展研究所 组编

高等教育出版社·北京

总 主 编　黄　斌

**本册主编**　张　影　丁振华

**其他编者**　（按姓氏笔画排序）

　　　　　　王　沫　艾德臻　成海英　张　燕

**总 策 划**　贾瑞武　王素霞

**图书在版编目（CIP）数据**

物理学习指导与练习：机械建筑类 ／ 高等教育出版
社教材发展研究所组编. --北京：高等教育出版社，
2022.3（2024.8重印）

ISBN 978-7-04-057987-1

Ⅰ.①物…　Ⅱ.①高…　Ⅲ.①物理学-中等专业学校
-教学参考资料　Ⅳ.①O4

中国版本图书馆 CIP 数据核字（2022）第 019213 号

物理学习指导与练习：机械建筑类

WULI XUEXI ZHIDAO YU LIANXI：JIXIE JIANZHU LEI

| | | | |
|---|---|---|---|
| 策划编辑　王丹丹 | | 出版发行　高等教育出版社 | |
| 责任编辑　胡云霞 | | 社　　址　北京市西城区德外大街 4 号 | |
| 封面设计　李树龙 | | 邮政编码　100120 | |
| 版式设计　马　云 | | 印　　刷　北京利丰雅高长城印刷有限公司 | |
| 插图绘制　杨伟露 | | 开　　本　880mm×1240mm 1/16 | |
| 责任校对　刘娟娟 | | 印　　张　15 | |
| 责任印制　张益豪 | | 字　　数　330 千字 | |
| | | 购书热线　010-58581118 | |
| | | 咨询电话　400-810-0598 | |

本书如有缺页、倒页、脱页
等质量问题，请到所购图书
销售部门联系调换

版权所有　侵权必究

物 料 号　57987-00

网　　址　http://www.hep.edu.cn

　　　　　http://www.hep.com.cn

网上订购　http://www.hepmall.com.cn

　　　　　http://www.hepmall.com

　　　　　http://www.hepmall.cn

版　　次　2022 年 3 月第 1 版

印　　次　2024 年 8 月第 5 次印刷

定　　价　32.80 元

# 前　言

　　物理是一门十分重要的公共基础课程,对于培养学生的物理观念、科学思维、实践技能和创新精神、科学态度与责任等,有着其他课程所不可替代的作用。学好物理,对促进学生职业生涯发展、适应现代社会生活起着重要的基础性作用。

　　本书是"十四五"职业教育国家规划教材《物理(机械建筑类)》(以下简称主教材)的配套教辅用书,根据教育部 2020 年颁布的《中等职业学校物理课程标准》(以下简称《课程标准》)的要求编写而成。

　　本书主题和节的安排与主教材中的内容顺序完全一致,内容也与主教材相对应和衔接。每节设有"重点难点解析""应用实例分析""素养提升训练""自我评价反思""技术中国"等栏目,每个主题还配备了"知识脉络思维导图"和"学业水平测试"。

　　"知识脉络思维导图"梳理了各个主题的知识结构,既是一个思维工具,又是一个学习工具。它突出了学习内容的重心和层次,对增强学生的理解能力,把握各知识点之间的联系,将所学知识融会贯通、学会思考、培养创新意识等都具有重要作用。

　　"重点难点解析"中的重点,是物理学习中需要掌握和具备的最基本、最重要的物理观念、思维方法、实践技能和科学态度等,是根据《课程标准》和主教材内容确定的;难点一般是学习中难以理解和掌握的内容,或是容易出错和混淆的较复杂的内容,是根据学生的学习基础、心理特征和认知规律来确定的。有些时候,学习难点和重点是一致的,学生在学习过程中应该分清主次,要特别关注老师对这部分内容的教学引导。

　　"应用实例分析"给学生提供了一种运用所学物理知识分析问题、解决问题的示范。学生在自学"应用实例分析"时,切记不可只关注其中的物理计算,而应该更加关注其中的物理观念、思维方法、解决问题的思路等,只有这样,才能逐步提升自己的物理学科核心素养。

　　"素养提升训练"是为帮助学生更好地掌握主教材内容而设计的。由于受篇幅所限,主教材中的"实践与探索"内容较少,因此本书提供了大量填空、判断、选择、作图、简答、计算、实践等题型的习题,以及许多开放性的问题,让学生在学习完相关内容后,通过完成这些任务,巩固和提升在获取物理知识的过程中所形成的物理观念、科学思维、实践技能和科学态度等核心素养,达到《课程标准》所规定的学业质量水平。

　　"自我评价反思"是引导学生基于物理学科核心素养重新检视自己的收获与不足。针对自己项目任务的完成情况,特别是本书中"素养提升训练"内容的完成情况,从物理观念及应用、科学思维与创新、科学实践与技能、科学态度与责任四个方面,进行回顾和反思,总结自己在核心素养发展、学习行为表现、学习兴趣提升等方面的收获与亮点,查找疑惑与不足。

"技术中国"可以让学生更多地了解我国现代科学技术及其在相关应用领域取得的伟大成就,以增强家国情怀和"四个自信",体现物理课程的价值导向。

"学业水平测试"主要是为学生在学完本主题后,全面检查自己在物理观念的形成、科学思维和科学方法的掌握以及应用物理知识解决实际问题的能力方面的发展水平而设计的。学生在完成本主题的学习和训练后,自行进行测试。

题号前标"＊"的题目是根据《课程标准》中学业质量水平二的要求设置的,其余是根据水平一的要求设置的。

本书配套数字化资源(含参考答案),可按照书后"郑重声明"下方的学习卡账号使用说明,登录 http://abook.hep.com.cn/sve,上网学习,下载使用。

本书由高等教育出版社教材发展研究所组织编写,《中等职业学校物理课程标准(2020年版)》研制专家组组长、南京旅游职业学院黄斌担任总主编,长春市机械工业学校张影、徐州工业职业技术学院丁振华担任主编并统稿。编写工作的具体分工如下:第一、二主题由丁振华编写,第三、九主题由河北省深州市职业技术教育中心张燕、上海电子信息职业技术学院成海英编写,第四、五、六、八主题由张影编写,第七、十主题由苏州建设交通高等职业技术学校艾德臻、长春市机械工业学校王沫编写。在本书的编写过程中,还邀请了相关行业企业的工程技术人员参与了研讨和编写工作,以使书稿内容能够进一步贴近生产实际,体现职业岗位需求,满足一线教学需要。在编写过程中,部分省市教研室和一线物理教师提供了很多很好的建议和意见,在此表示衷心的感谢!

由于编者水平有限,书中难免有不足之处,敬请各位读者提出宝贵的意见和建议,帮助我们不断改进和提高。读者意见反馈邮箱:zz_dzyj@ pub. hep. cn。

编者

2022 年 2 月

# 目 录

目 录

# 力和物体的平衡

**知识脉络思维导图**

力和物体的平衡
- ① 重力 弹力 摩擦力
- ② 物体受力分析
- ③ 力的合成与分解
- ④ 物体的平衡
- ⑤ 学生实验：长度的测量

① 重力 弹力 摩擦力
- 力的概念
  - 力的作用效果：使受力物体发生形变、使受力物体的运动状态发生变化
  - 力的三要素：大小、方向、作用点
  - 力的图示
    - 力的大小：用线段的长度按照一定比例表示
    - 力的方向：用箭头的指向表示
    - 力的作用点：用箭头的起点或终点表示
- 重力
  - 大小：$G=mg$
  - 方向：总是竖直向下
  - 作用点：重心（重力的等效作用点）
- 弹力
  - 产生条件：相互接触、发生弹性形变
  - 胡克定律　公式：$F=kx$
  - 几种弹力：支持力、压力、拉力
- 摩擦力
  - 静摩擦力
    - 产生条件：接触面粗糙、两物体接触处有弹力、有相对运动趋势
    - 大小：由二力平衡判断、随外力的变化而变化
    - 方向：与物体相对运动趋势的方向相反
    - 判断有无的方法：假设法
  - 滑动摩擦力
    - 产生条件：接触面粗糙、两物体接触处有弹力、有相对运动
    - 大小：$F_f=\mu F_N$
    - 方向：与物体相对运动的方向相反

②物体受力分析 ── 一般步骤：明确研究对象、隔离研究对象、画出受力示意图、检查分析结果
　　　　　　　　　整体法和隔离法

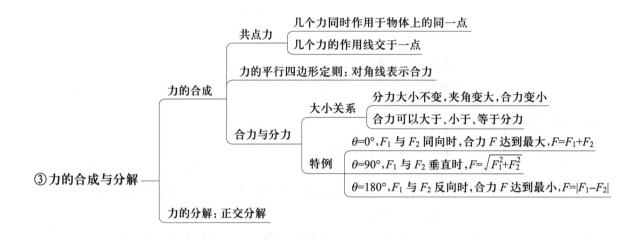

③力的合成与分解

力的合成
　　共点力
　　　几个力同时作用于物体上的同一点
　　　几个力的作用线交于一点
　　力的平行四边形定则：对角线表示合力
　　合力与分力
　　　大小关系
　　　　分力大小不变，夹角变大，合力变小
　　　　合力可以大于、小于、等于分力
　　　特例
　　　　$\theta=0°$，$F_1$ 与 $F_2$ 同向时，合力 $F$ 达到最大，$F=F_1+F_2$
　　　　$\theta=90°$，$F_1$ 与 $F_2$ 垂直时，$F=\sqrt{F_1^2+F_2^2}$
　　　　$\theta=180°$，$F_1$ 与 $F_2$ 反向时，合力 $F$ 达到最小，$F=|F_1-F_2|$

力的分解：正交分解

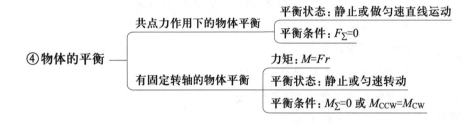

④物体的平衡

共点力作用下的物体平衡
　　平衡状态：静止或做匀速直线运动
　　平衡条件：$F_\Sigma=0$

有固定转轴的物体平衡
　　力矩：$M=Fr$
　　平衡状态：静止或匀速转动
　　平衡条件：$M_\Sigma=0$ 或 $M_{CCW}=M_{CW}$

# 第一节　重力　弹力　摩擦力

## 一、重点难点解析

### （一）力的概念

（1）力是一个物体对另一个物体的作用。力源于物体,又施于物体,力不能离开物体而独立存在。

（2）力的作用效果。使受力物体发生形变;使受力物体的运动状态发生变化。

（3）力的三要素。大小、方向、作用点。

（4）力的图示。力的大小和方向可以用一根带箭头的有向线段来表示;线段的长度按照一定的比例表示力的大小,箭头的指向表示力的方向。

### （二）力学中常见的三种力（表 1-1-1）

表 1-1-1

| 力的分类 | | 概念 | 产生条件 | 大小 | 方向 |
|---|---|---|---|---|---|
| 重力 | | 物体由于地球的吸引而受到的力 | 地球的吸引 | $G = mg$ | 竖直向下 |
| 弹力 | | 发生弹性形变的物体,会对跟它接触的物体产生力的作用 | ① 相互接触;<br>② 发生弹性形变 | 在弹性限度内,弹簧产生的弹力大小满足胡克定律:$F = kx$ | 与使物体产生弹性形变的外力方向相反 |
| 摩擦力 | 静摩擦力 | 两个相互接触的物体,有相对运动趋势但未发生相对运动时产生的摩擦力 | ① 接触面粗糙;<br>② 两物体接触处有弹力;<br>③ 两物体间有相对运动趋势 | 根据力的平衡条件,静摩擦力的大小跟外力的大小相等。最大静摩擦力是静摩擦力的最大值。静摩擦力的大小范围:$0 < F_f \leq F_{max}$ | 沿着接触面的切线方向,总是跟该物体相对运动趋势的方向相反 |
| | 滑动摩擦力 | 两个相互接触的物体发生相对滑动时产生的摩擦力 | ① 接触面粗糙;<br>② 两物体接触处有弹力;<br>③ 两物体间有相对运动 | $F_f = \mu F_N$ | 沿着接触面的切线方向,并且与该物体相对运动的方向相反 |

## 二、应用实例分析

**实例 1** 钢厂里机械手竖直夹起热的钢坯(图 1-1-1),山坡上正在向下滑雪的小孩(图 1-1-2),钢坯和小孩是否受到摩擦力的作用?受到的是静摩擦力还是滑动摩擦力?方向怎样?

| 图 1-1-1 | 图 1-1-2 |

**分析:**假设机械手和钢坯接触面光滑,钢坯就会竖直向下运动,说明钢坯有向下运动的趋势,满足静摩擦力的产生条件,所以钢坯受到静摩擦力的作用,方向与相对运动趋势的方向相反,即竖直向上。山坡上正在向下滑雪的小孩,其脚下的滑雪板与雪道接触,接触面粗糙,沿坡面向下运动,小孩受到滑动摩擦力的作用,且滑动摩擦力的方向与相对运动的方向相反,即沿斜面向上。

**解:**钢坯受到静摩擦力的作用,其方向竖直向上。向下滑雪的小孩受到滑动摩擦力的作用,方向沿斜面向上。

**方法指导:**利用假设法判断静摩擦力的有无。先假设接触面光滑,判断相对静止的物体是否能发生相对运动,这样就可以判断出相互接触的物体间是否具有相对运动趋势,从而判断物体间是否存在静摩擦力。

**实例 2** 在光滑半球形容器内,放置一根细杆,细杆与容器的接触点分别为 $A$、$B$,如图 1-1-3 所示。下列关于细杆在 $A$、$B$ 两点所受支持力的说法,正确的是(　　)。

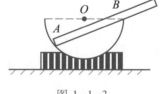

图 1-1-3

A. $A$ 点处所受支持力的方向指向球心,是由于细杆的形变产生的

B. $A$ 点处所受支持力的方向垂直细杆向上,是由于容器的形变产生的

C. $B$ 点处所受支持力的方向竖直向上,是由于细杆的形变产生的

D. $B$ 点处所受支持力的方向垂直细杆向上,是由于容器的形变产生的

**分析:**细杆在 $A$ 点处所受支持力的方向垂直圆弧切面指向球心,是由于容器的形变产生的;细杆在 $B$ 点处所受支持力的方向垂直细杆向上,是由于容器的形变产生的,D 正确。

**解:**选择 D。

**方法指导:**根据弹力的概念和弹力的方向作出判断。

**三、素养提升训练**

**1. 填空题**

（1）观察玻璃瓶是否发生微小形变,可以通过用手按压玻璃瓶使细管中的水面上升或下降来判断,这种方法称为_____。

（2）力是一个物体对另外一个物体的_____。力的作用效果有:使受力物体发生_____,使受力物体的_____发生变化。

（3）力的三要素是_____、_____、_____。

（4）质量为 4.0 kg 的物体,用天平称量时的读数为_____,用弹簧秤称量时的读数为_____。（$g$ 取 9.8 m/s²）

（5）发生_____的物体,会对跟它_____的物体产生_____的作用,这种力称为弹力。

（6）两个_____的物体,有_____趋势但又未发生_____时产生的摩擦力,称为静摩擦力。两个_____的物体发生_____时产生的摩擦力,称为滑动摩擦力。

*（7）质量分布均匀、形状规则的物体的重心位置就在其_____上。质量分布不均匀的物体的重心位置除跟物体的_____有关外,还跟物体内_____有关。

*（8）在铸铁车间里,将一个 100 kg 的铁块放在水平钢板上,工人用 245 N 的水平推力使铁块在钢板上匀速滑动,由此可知,铁与钢之间的动摩擦因数为_____。

**2. 判断题**

（1）摩擦力的方向总是与相对运动的方向相反。　　　　　　　　　　　（　　）

（2）静摩擦力的大小与正压力没有关系。　　　　　　　　　　　　　（　　）

（3）弹力的方向有时与弹性形变的方向相同。　　　　　　　　　　　（　　）

（4）$F_f = \mu F_N$,$F_f$ 与物体的运动状态无关。　　　　　　　　　　（　　）

*（5）力不一定成对出现。　　　　　　　　　　　　　　　　　　　　（　　）

*（6）运动着的物体一定不受静摩擦力的作用,只能受滑动摩擦力的作用。　（　　）

**3. 单选题**

（1）下列关于弹力的说法中,正确的是(　　)。

　　A. 弹力可以产生在不直接接触的物体之间

　　B. 相互接触的物体间一定有弹力

　　C. 物体所受弹力的方向与施力物体的形变方向相反

　　D. 轻绳产生的弹力一定沿着绳而指向绳伸长的方向

（2）2021 年 7 月,中国选手夺得东京奥运会女子双人 3 m 板冠军,在运动员走板的过程中（图 1-1-4）,下列关于形变和弹力的说法中,正确的是(　　)。

A. 跳板发生形变,运动员的脚没有发生形变

B. 运动员的脚发生形变,跳板没有发生形变

C. 运动员受到的支持力是由于跳板发生形变
而产生的

D. 跳板受到的压力是由于跳板发生形变而产
生的

图 1-1-4

（3）下列关于胡克定律的说法中,正确的是(　　)。

A. 只有弹簧发生形变时,胡克定律才成立

B. $F=kx$ 中,$x$ 是弹簧形变后的长度

C. 由 $k=\dfrac{F}{x}$ 可知,劲度系数 $k$ 与弹力 $F$ 成正比,与弹簧的形变量 $x$ 成反比

D. 弹簧的劲度系数 $k$ 由弹簧本身的性质决定,与 $F$、$x$ 的大小无关

（4）下列关于摩擦力的说法中,正确的是(　　)。

A. 物体受到的摩擦力大小一定满足 $F_f=\mu F_N$

B. 滑动摩擦力的方向总是与物体的运动方向相反

C. 摩擦力的大小与相应的正压力成正比

D. $F_f=\mu F_N$ 中,动摩擦因数 $\mu$ 与相互接触的物体的材料、接触面情况有关

*（5）下列关于弹力和摩擦力的说法中,正确的是(　　)。

A. 有弹力就一定有摩擦力

B. 有摩擦力就一定有弹力

C. 弹力增大,摩擦力一定增大

D. 相互接触的物体间的弹力和摩擦力的方向总是互相垂直的

*（6）如图 1-1-5 所示,搬运机器人借助机械臂竖直夹起一
个重物,重物在空中处于静止状态,铁夹与重物接触面保持竖
直,则(　　)。

A. 重物受到的静摩擦力方向竖直向下

B. 重物受到的摩擦力与重力大小相等

C. 若增大铁夹对重物的压力,重物受到的静摩擦力
变大

D. 若铁夹水平移动,重物受到的静摩擦力变大

图 1-1-5

*（7）一个重 100 N 的木箱放在水平地面上,木箱与地面之间的动摩擦因数 $\mu$ 为 0.3,某人
沿水平方向用 20 N 的力推木箱,木箱受到的摩擦力大小为(　　)。

A. 20 N　　　　　　B. 30 N　　　　　　C. 100 N　　　　　　D. 无法确定

**4. 计算题**

（1）一根弹簧,不悬挂重物时长 0.15 m,悬挂上 6.0 N 的重物时长 0.18 m,求这根弹簧的

劲度系数（这是测量弹簧劲度系数的常用方法）。

*（2）用弹簧秤将一物体吊起后，弹簧秤的示数为 10 N，将此物体放在水平桌面上，用弹簧秤沿水平桌面匀速拉动，此时弹簧秤的示数为 1.0 N。求物体与桌面间的动摩擦因数。

5．实践题

把两本书每页都交叉叠放在一起，请两个同学分别抓住一本书的书脊用力向外拉，两本书会很容易被分开吗？为什么？

### 四、技术中国

#### 世界上最大的挤压机

图 1-1-6 所示是我国生产的目前世界上最大最重的卧式挤压机，挤压力高达 235 MN，相当于 84 架空客 A380 的拉力。挤压机可以把铝锭变成铝型材。铝型材可用于制造我们生活中的小到铝合金门窗，大到高铁、飞机的超大铝材零部件。用铝型材生产的高铁车厢，虽不瘦身却能减重 2/3，且更安全、更节能。

图 1-1-7 所示是我国自主研制的一台 500 MN 垂直挤压机。它总高 30 m，其中地上部分高 15 m，是目前世界上开口最大的压力机，代表着国家制造业的发展水平。它的生产效率高，几分钟即可挤压出一根直径 1 320 mm、长 13 m、质量逾 25 t 的大口径无缝钢管，且一次成形。这些大直径厚壁无缝钢管已被广泛应用于核电、舰船、航天航空等领域，成为中国从制造大国迈向制造强国的基石。

图 1-1-6

图 1-1-7

## 第二节　物体受力分析

### 一、重点难点解析

**（一）受力分析**

分析物体受力时，既不能遗漏，也不能添加。要做到这一点，就必须掌握受力分析的基本方法，按受力分析的一般步骤进行。

**（二）受力分析的整体法与隔离法**

1. 整体法

（1）当只涉及研究系统而不涉及系统内部某些物体的受力时，一般可采用整体法。

（2）如果研究对象是两个或多个物体，一般都是采取先整体后隔离的分析顺序。如果两个物体之间保持相对静止或加速度相同，就可以采用整体法；如果要分析系统内各部分之间的作用力，应该选取隔离法。

2. 隔离法

在受力分析中应用的隔离法，就是将研究对象从周围物体中隔离出来，只考虑周围物体对它施加的力的作用，而不考虑它对周围物体施加的力的作用。

### 二、应用实例分析

**实例 1**　水平地面上静止的篮球靠在教室竖直的墙面上（图 1-2-1），流动红旗挂在班级门口的墙面上（图 1-2-2），分析它们的受力情况，并画出受力图。

图 1-2-1　　　　　　　　　　　　　　　　图 1-2-2

**分析**：篮球、流动红旗虽然与竖直墙面接触，但并没有相互挤压而产生形变，因此竖直墙面对它们不存在作用力（如果竖直墙面对它们有作用力，那么它们就不可能静止）。

解:篮球受到两个力的作用:重力,方向竖直向下;地面对篮球的支持力 $F_N$,方向竖直向上。篮球的受力如图 1-2-3 所示。流动红旗受到三个力的作用:重力,方向竖直向下;绳子对流动红旗的拉力 $F_1$、$F_2$,方向沿着绳子而背离红旗的方向。流动红旗的受力如图 1-2-4 所示。

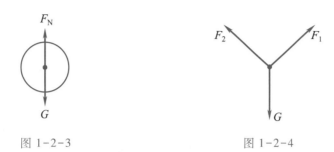

图 1-2-3　　　　　　　　　　图 1-2-4

方法指导:确定研究对象,使用隔离法。

实例 2　如图 1-2-5 所示,在工地上可以利用传动带运输机把物料运往高处。为什么物料能随传动带一起向上运动呢?分析物料在运动过程中受到的摩擦力的方向。

分析:假设传动带是光滑的,放置在传动带上的物料将沿传动带下滑,表明物料有沿传动带向下的相对运动趋势,因此物料受到的静摩擦力的方向是沿传动带向上的。

图 1-2-5　　　　　　　　　　图 1-2-6

解:由于静摩擦力的作用使物料随传动带一起向上运动。静摩擦力的方向是沿传动带向上的(与物料运动方向相同),物料的受力如图 1-2-6 所示。

方法指导:判断静摩擦力的有无,可利用假设法,即假设接触面光滑,判断物体是否产生相对运动趋势。静摩擦力的方向与物体相对运动趋势的方向相反。

## 三、素养提升训练

1. 填空题

（1）对物体进行受力分析按_____、_____、_____和_____顺序进行。

（2）在受力分析中应用的隔离法,就是将_____从周围的物体中_____出来,只考虑_____对它施加的力的作用,而不考虑它对周围的物体施加的力的作用。整体法是把两个或两个以上物体组成的系统作为_____来研究的分析方法。

（3）一辆行驶在平直公路上的汽车,受到的力有_____、_____、_____和_____。

（4）位于中国南海的大型海洋资料浮标（图1-2-7）是海洋综合环境观测平台,静止、漂浮在海面上的浮标受到的力有_____、_____。

图1-2-7

（5）如图1-2-8所示,物体重10 N,被水平向左的力F压在竖直墙壁上,当F＝50 N时,物体沿竖直墙壁匀速下滑,这时物体受到的摩擦力是_____N;当F＝60 N时,物体在墙壁上保持静止,此时物体受到的摩擦力是_____N。

图1-2-8                图1-2-9

*（6）钢球静止在光滑的V形槽内（图1-2-9）,若以钢球为研究对象,钢球受到3个力的作用:_____、光滑斜面的2个_____。

*（7）一架建筑塔吊向右上方匀速提升建筑物料（图1-2-10）,若忽略空气阻力,则建筑物料受到的力有_____、_____。

图1-2-10

*（8）如图1-2-11所示,光滑水平面上有两个物体A和B并排放在一起,均处于静止状态,A与B之间_____弹力作用。（填"有"或"没有"）

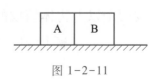

图1-2-11

**2. 判断题**

（1）物体运动状态的改变总是与物体的受力情况有关。 （　　）

（2）只研究系统外而不研究系统内部某物体的受力时,一般采用整体法。 （　　）

（3）研究系统内某个物体的受力时,通常可采用隔离法。 （　　）

（4）轿车驶下高架桥的过程中受到下滑力的作用。 （　　）

*（5）物体在运动方向上一定受到力的作用。 （　　）

*（6）判断静摩擦力的有无及方向可用假设法。 （　　）

**3. 单选题**

（1）如图 1-2-12 所示,全液压传动机械手缓慢夹起无缝钢管,则钢管所受的力有（　　）。

图 1-2-12

A. 重力、拉力、压力 　　　　B. 重力、拉力、下滑力、压力

C. 重力、拉力、静摩擦力 　　　D. 重力、压力、静摩擦力

（2）在光滑斜面上下滑的物体实际受到的力有（　　）。

A. 重力、支持力和垂直斜面向下的力 　　B. 重力、支持力和下滑力

C. 重力、支持力 　　　　　　　　　　　D. 重力、支持力和摩擦力

（3）如图 1-2-13 所示,一个放在自动扶梯上的箱子在随扶梯一起匀速上升时,箱子受到的力有（　　）。

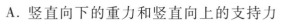
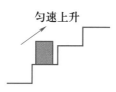
图 1-2-13

A. 竖直向下的重力和竖直向上的支持力

B. 重力、支持力、水平向右的静摩擦力

C. 重力、支持力、水平向左的静摩擦力

D. 重力、支持力、沿运动方向斜向上的力

（4）图 1-2-14 所示为建筑工地上搬运石板用的"夹钳",在"夹钳"夹住石板并沿直线匀速前进的过程中,下列判断正确的是（　　）。

A. 石板受到的静摩擦力等于其重力

B. "夹钳"对石板的作用力的合力竖直向上

C. "夹钳"夹的越紧,石板受的静摩擦力越大

D. 前进的速度越快,石板受的静摩擦力越大

图 1-2-14

*（5）如图 1-2-15 所示，在两块相同的竖直木板之间，有质量均为 $m$ 的 4 块相同的砖，用两个大小均为 $F$ 的水平力压木板，使砖静止不动，则第 1 块砖和第 4 块砖受到木板的摩擦力大小为（　　）。

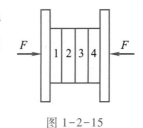

图 1-2-15

  A. 0          B. $\dfrac{mg}{2}$

  C. $mg$          D. $2mg$

*（6）飞艇常用于执行扫雷、空中预警、电子干扰等多项任务。图 1-2-16 所示为飞艇拖拽扫雷具扫除水雷的模拟图，下列关于扫雷具受力情况的分析中，正确的是（　　）。

  A. 扫雷具受到重力、浮力、拉力和水的阻力

  B. 扫雷具受到的浮力比重力大

  C. 扫雷具在水平方向受到海水的阻力小于绳子拉力的水平分力

  D. 扫雷具受到的重力一定大于绳子拉力

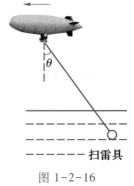

图 1-2-16

*（7）风筝在风力 $F$、线的拉力 $T$ 以及重力 $G$ 的作用下，能高高地飞在蓝天上。下列关于风筝在空中的受力分析可能正确的是（　　）。

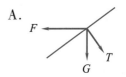   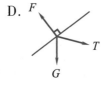

**4. 作图题**

（1）如图 1-2-17 所示，重物被起重机吊起后停在半空中，画出吊钩的受力图。

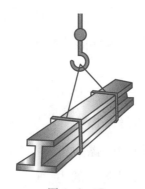

图 1-2-17

（2）如图 1-2-18 所示，一辆汽车沿斜坡向上匀速行驶，画出汽车的受力图。

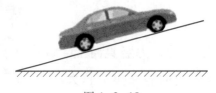

图 1-2-18

\*（3）如图1-2-19所示，在北方的冬天里，一个人坐在滑雪圈里，另一个人拉着滑雪圈匀速前进。与同学讨论，坐在滑雪圈里的人的受力情况如何？如果把坐着的人和滑雪圈看成一个整体，则他们的受力情况如何？

图1-2-19

## 第三节 力的合成与分解

### 一、重点难点解析

#### (一) 力的合成

1. 力的平行四边形定则

两个互成一定角度的共点力的合力,可以用表示这两个力的有向线段为邻边所画出的平行四边形的对角线来表示。对角线的长度表示合力的大小,对角线的方向就是合力的方向,如图 1-3-1 所示。

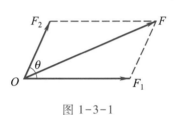

图 1-3-1

2. 合力的计算

(1) 作图法求合力。

两个互成夹角 $\theta$ 的共点力 $F_1$ 和 $F_2$,其合力 $F$ 的大小为平行四边形对角线的长度。

(2) 特殊情况下合力的计算。

① 当 $\theta=0°$,即 $F_1$ 与 $F_2$ 同向时,合力 $F$ 也与 $F_1$、$F_2$ 同向,并达到最大,$F=F_1+F_2$。

② 当 $\theta=90°$,即 $F_1$ 与 $F_2$ 垂直时,$F=\sqrt{F_1^2+F_2^2}$。

③ 当 $\theta=120°$,且 $F_1=F_2$ 时,合力与分力等大。$F=F_1=F_2$。

④ 当 $\theta=180°$,即 $F_1$ 与 $F_2$ 反向时,$F$ 与较大的分力同向,并达到最小,$F=|F_1-F_2|$。若作用在物体上只有 $F_1$ 和 $F_2$ 这两个力,且 $F_1=F_2$,则 $F=0$,这时物体处于平衡状态。

(3) 合力与分力的关系。当分力大小不变时,合力随着夹角的增大而减小。$F_1$、$F_2$ 的合力 $F$ 的取值范围:$|F_1-F_2| \leqslant F \leqslant F_1+F_2$。

#### (二) 力的分解

正交分解是把一个力分解成相互垂直的两个分力。

① 力在水平面上的分解(图 1-3-2):$F_1=F\cos\theta$,$F_2=F\sin\theta$。

② 重力在斜面上的分解:在斜面上的物体(图 1-3-3),它所受的重力 $G$ 可分解成使物体沿斜面向下运动、平行于斜面的分力 $G_{//}$ 和使物体紧压斜面的分力 $G_\perp$,$G_{//}=G\sin\theta$,$G_\perp=G\cos\theta$。

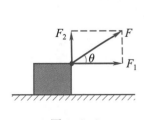

图 1-3-2

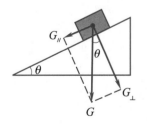

图 1-3-3

## 二、应用实例分析

实例 唐代《耒耜经》记载了曲辕犁相对直辕犁的优势之一是省力。设牛用大小相等的拉力 $F$ 通过耕索分别拉两种犁,耕索与竖直方向的夹角分别为 $\alpha$ 和 $\beta$,$\alpha<\beta$。如图 1-3-4(a)所示,耕索对曲辕犁拉力的水平分力 $F_1 =$ _____,竖直分力 $F_1' =$ _____;如图 1-3-4(b)所示,耕索对直辕犁拉力的水平分力 $F_2 =$ _____,竖直分力 $F_2' =$ _____。$F_1$ _____ $F_2$(填">"或"<"),$F_1'$ _____ $F_2'$(填">"或"<")。

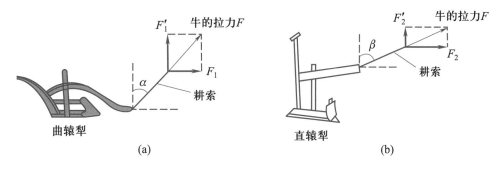

图 1-3-4

分析:根据平行四边形定则和直角三角形知识,将 $F_1$、$F_1'$、$F$ 平移到一个直角三角形中,可得 $F_1 = F\sin\alpha$,$F_1' = F\cos\alpha$。将 $F_2$、$F_2'$、$F$ 平移到一个直角三角形中,可得 $F_2 = F\sin\beta$,$F_2' = F\cos\beta$。又因为 $\alpha<\beta<90°$,所以 $\sin\alpha<\sin\beta$,$\cos\alpha>\cos\beta$。

解:$F\sin\alpha$,$F\cos\alpha$,$F\sin\beta$,$F\cos\beta$,<,>。

方法指导:确定研究对象,根据平行四边形定则将力 $F$ 进行分解。

## 三、素养提升训练

1. 填空题

(1)如果一个力单独作用在物体上的效果与原来几个力共同作用在物体上所产生的效果完全一样,那么这一个力就称为那几个力的_____,而那几个力,就是这个力的_____。这种思维方法称为_____法。

(2)求几个已知力的合力,称为力的_____。把一个力分解成几个力称为力的_____。

(3)两个互成一定_____的共点力的合力,可以用表示这两个力的_____为邻边所画出的_____形的对角线来表示,称为平行四边形定则。对角线的_____表示合力的大小,对角线的_____就是合力的方向。

(4)在分析物体受力产生的效果时,往往需要把一个力分解成_____的两个分力,这种分解方式称为正交分解。

(5)两个共点力互相垂直,大小分别为 12 N 和 16 N,这两个力的合力为_____N。

*（6）在水平桌面上，物体在三个共点力的作用下处于平衡状态，这三个力中有一个力的方向是水平向左，大小为 20 N。若去掉这个力，其余两个力的合力大小为_____ N，方向_____。

*（7）物体放在倾角为 $\theta$ 的斜面上，其重力 $G$ 沿斜面的分力大小为_____，垂直于斜面的分力大小为_____。

**2. 判断题**

（1）合力的大小、方向只跟分力的大小有关，与它们的夹角 $\theta$ 无关。　　　　　　（　　）

（2）若没有条件限制，一个力可以分解成无数对大小和方向不同的力。　　　　（　　）

（3）互成角度的共点力的合成可以利用代数方法相加减。　　　　　　　　　　（　　）

（4）合力的作用效果和两个分力共同产生的作用效果是相同的。　　　　　　（　　）

*（5）合力与分力之间的关系是一种等效替代的关系。　　　　　　　　　　　（　　）

*（6）合力不变时，两个相等分力的夹角越大，两个分力就越大。　　　　　　（　　）

**3. 单选题**

（1）下列叙述中，正确的是（　　）。

　　　A. 合力一定比每个分力大　　　　　　B. 合力一定比每个分力小

　　　C. 合力可能大于、小于或等于分力　　D. 合力不可能为零

（2）已知两个分力 $F_1$ 和 $F_2$，求合力 $F$，下列作图正确的是（　　）。

A. 　　　　　　　　　　　　　　　　B. 

C. 　　　　　　　　　　　　　　　　D. 

（3）作用在同一物体上的两个力的大小分别为 5 N 和 15 N，当改变这两个力之间的夹角时，其合力大小也会随之改变。合力大小变化的范围是（　　）。

　　　A. 10~20 N　　　　　　　　　　　B. 5~20 N

　　　C. 5~15 N　　　　　　　　　　　D. 10~15 N

（4）将重 100 N 的物体放在水平地面上，某人用 60 N 竖直向上的力提物体，则物体所受的合力为（　　）。

　　　A. 40 N，方向竖直向下　　　　　　B. 60 N，方向竖直向上

　　　C. 40 N，方向竖直向上　　　　　　D. 0

（5）下列物理量的运算，遵循平行四边形定则的是（　　）。

　　　A. 时间　　　　B. 质量　　　　C. 路程　　　　D. 力

*（6）下列说法中，正确的是（　　）。

　　　A. 对力分解时必须按力的作用效果分解

　　　B. 合力与分力同时作用在物体上

C. 两个力的大小不变时,其合力随夹角的增大而增大

D. $F_1$、$F_2$ 的合力的取值范围为 $|F_1-F_2| \leqslant F \leqslant F_1+F_2$

*（7）图 1-3-5 所示是维修汽车所用的简式千斤顶。当摇动把手时,螺纹轴就能使千斤顶的两臂靠拢,从而将汽车顶起。当车轮刚被顶起时汽车对千斤顶的压力 $F=1.0\times10^5$ N,此时千斤顶两臂间的夹角为 120°,受力如图 1-3-6 所示。则下列判断正确的是(　　)。

图 1-3-5

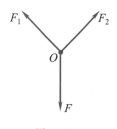

图 1-3-6

A. 此时两臂受到的压力大小均为 $2.0\times10^5$ N

B. 此时千斤顶对汽车的支持力为 $2.0\times10^5$ N

C. 若摇动把手继续顶起汽车,两臂靠拢,夹角增大,两臂所受压力将增大

D. 若摇动把手继续顶起汽车,两臂靠拢,夹角减小,两臂所受压力将减小

**4. 计算题**

（1）两个力的夹角为 90°,大小分别是 90 N 和 120 N,求出其合力的大小。

*（2）在水平地面上放一个质量为 $m$ 的箱子,对箱子作用一个与水平方向夹角为 $\theta$ 的斜向上的拉力 $F$,如图 1-3-7 所示,求地面对箱子的支持力大小。

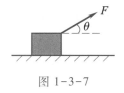

图 1-3-7

**5. 简答题**

胜利黄河大桥全长 2 817.46 m,由主桥及南北引桥组成。主桥为钢梁斜拉桥,桥长 682 m。引桥为梁式桥,桥长 2 135.46 m,其中南引桥长 722.73 m,共计 24 跨 144 片箱梁;北引桥长 1 412.73 m,共计 47 跨 282 片箱梁。为什么高大的跨江大桥两端都要造很长的引桥?

## 第四节　物体的平衡

 一、重点难点解析

（一）共点力作用下物体的平衡

（1）平衡状态。保持静止或做匀速直线运动。

（2）平衡条件。合力等于零，$F_\Sigma = 0$。

（二）有固定转轴物体的平衡

（1）力矩。力和力臂的乘积，$M = Fr$。

（2）平衡状态。保持静止或匀速转动。

（3）平衡条件。力矩的代数和为零，或逆时针方向力矩的大小等于顺时针方向力矩的大小。即 $M_\Sigma = 0$　或　$M_{CCW} = M_{CW}$。

（4）有固定转轴物体的平衡条件的应用。

① 准确选取转轴。

② 分析物体的受力情况，找出各力对转轴的力臂，确定各力对转轴的力矩（如果力的作用线通过转轴，则该力的力矩等于零）。

③ 利用平衡条件列方程：$M_\Sigma = 0$　或　$M_{CCW} = M_{CW}$。

二、应用实例分析

实例 1　2021 年 8 月，中国选手在东京奥运会体操男子吊环项目中夺冠。吊环比赛中他先用双手在竖直方向上撑住吊环，然后将双臂缓慢张开到如图 1-4-1 所示的位置，此时连接吊环的绳索与竖直方向的夹角为 $\alpha$。已知他的体重为 $G$，吊环和绳索的重力不计，则每条绳索的拉力为多大？

图 1-4-1

分析:对该选手进行受力分析可知,他受到重力 $G$ 和两个吊环的拉力 $F$。根据平行四边形定则简化受力图,如图 1-4-2 所示。由共点力作用下物体的平衡条件可知,两个吊环的拉力 $F$ 的合力竖直向上,等于他的重力 $G$。

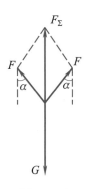

解:根据共点力作用下物体的平衡条件 $2F\cos\alpha = G$,$F = \dfrac{G}{2\cos\alpha}$。

方法指导:先确定研究对象,进行受力分析,然后根据平行四边形定则确定合力,再根据共点力作用下物体的平衡条件,求得拉力。

图 1-4-2

实例 2 图 1-4-3 所示为机械中常用的制动装置原理图。设制动块 A 与铁轮 B 之间的动摩擦因数为 0.30,铁轮半径为 0.25 m,位于 $l_1 = 0.40$ m 处,制动杆长 $l_2 = 1.0$ m。试求在 $C$ 端作用一个与杆垂直的 $F = 100$ N 的压力时,制动块对转动着的铁轮作用的制动力矩。

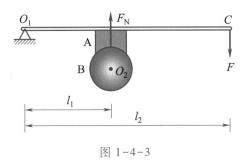

图 1-4-3

分析:图中的制动杆是一根以 $O_1$ 为支点的杠杆,由于动力臂 $l_2$ 大于阻力臂 $l_1$,所以作用在杠杆上的阻力的大小等于铁轮对制动块的压力的大小,$F_N$ 比 $C$ 端受到的力 $F$ 大。$F_N$ 的大小也是制动块对铁轮压力的大小。利用杠杆达到了增大压力的效果,从而增大了制动块对铁轮的滑动摩擦力。滑动摩擦力对铁轮的轴 $O_2$ 产生的力矩阻碍铁轮的转动,使它的转速减小直至停止转动。

解:根据力矩的平衡条件,有

$$F_N l_1 = F l_2$$

$$F_N = \frac{l_2}{l_1} F = \frac{1.0}{0.40} \times 100 \text{ N} = 250 \text{ N}$$

制动块对铁轮的滑动摩擦力为

$$F_f = \mu F_N = 0.30 \times 250 \text{ N} = 75 \text{ N}$$

滑动摩擦力产生的力矩为

$$M = F_f r = 75 \times 0.25 \text{ N} \cdot \text{m} = 18.75 \text{ N} \cdot \text{m}$$

方法指导:先分析转动物体的受力情况,然后确定转轴、各力的力臂和对转轴的力矩,再根据有固定转轴物体的平衡条件求得制动力矩。

### 三、素养提升训练

**1. 填空题**

（1）如果几个力作用在物体的_____，或者它们的作用线相交于_____，这几个力称为共点力。

（2）在共点力作用下，物体的平衡条件是_____，即_____。

（3）物体受三个共点力的作用而平衡时，其中任意一个力都与其余两个力的_____大小相等，方向_____，并作用在_____。

（4）物体在共点的四个力作用下保持平衡，如果撤去力 $F_1$，而其余三个力保持不变，这三个力的合力大小为_____，方向为_____。

（5）把_____到力的_____的垂直距离称为力臂。_____和_____的乘积称为力矩。计算式是 $M=$_____。

*（6）一个重为 $G$ 的物体静止在倾角为 $\theta$ 的斜面上，它对斜面的压力为_____，所受的静摩擦力为_____。若倾角 $\theta$ 减小，它对斜面的压力变_____，静摩擦力变_____。

*（7）_____是物体转动状态发生改变的原因。_____越大，力对物体的_____作用就越大。

*（8）绕固定轴转动物体的平衡条件是_____的代数和为零或_____的大小等于_____的大小。

**2. 判断题**

（1）速度等于零的物体一定处于平衡状态。　　　　　　　　　　（　　）

（2）合外力等于零时物体才处于平衡状态。　　　　　　　　　　（　　）

（3）各种机械中的转轮，都是由力矩来驱动或制动的。　　　　　（　　）

（4）一个有固定转动轴的物体的平衡状态：静止或匀速转动。　　（　　）

*（5）若物体受到三个力的作用而平衡，将 $F_1$ 转动 $90°$ 时合力大小为 $2\sqrt{2}F_1$。　　（　　）

*（6）多个共点力平衡时，其中任何一个力与其余各力的合力等大、反向。　　（　　）

**3. 单选题**

（1）下面几组共点力作用在同一物体上，有可能使物体保持平衡的是（　　）。

A. 2 N、3 N、9 N　　　　　　　　　　B. 15 N、25 N、40 N

C. 4 N、5 N、20 N　　　　　　　　　　D. 5 N、15 N、25 N

（2）一个物体在 $F_1$、$F_2$、$F_3$ 三个共点力作用下处于平衡状态，则下列说法中错误的是（　　）。

A. $F_1$、$F_2$ 的合力是 $F_3$ 的平衡力　　　　B. $F_1$、$F_3$ 的合力是 $F_2$ 的平衡力

C. $F_2$、$F_3$ 的合力是 $F_1$ 的平衡力　　　　D. $F_1$、$F_2$、$F_3$ 三个力加起来一定等于零

（3）物体受到共点力作用而处于平衡状态时,物体一定(　　)。

    A. 处于静止                     B. 做匀速直线运动

    C. 保持原运动状态             D. 无法确定

（4）下列关于力矩的说法中,正确的是(　　)。

    A. 作用于物体上的力不为零,此力对物体的力矩不一定为零

    B. 作用于物体上的力越大,此力对物体的力矩一定也越大

    C. 力矩是作用力与作用点到转动轴的距离的乘积

    D. 力矩是作用力与轴到力的作用线的距离的乘积

*（5）如图 1-4-4 所示,一块距离谷底约 984 m、5 m³ 大的"奇迹石"卡在绝壁间。右壁竖直,左壁稍微倾斜,石头始终保持静止。"奇迹石"受到的(　　)。

    A. 两侧绝壁的弹力必为水平方向

    B. 左侧弹力和右侧弹力必相等

    C. 两侧绝壁的摩擦力必竖直向上

    D. 两侧绝壁作用力的合力必竖直向上

图 1-4-4

*（6）我国的高铁技术在世界上处于领先地位,若一段时间内高铁在平直的铁轨上向右做匀速直线运动,A、B 两个相互接触的行李箱放在车厢连接处的行李柜上,图 1-4-5 所示为高铁车厢示意图,下列说法正确的是(　　)。

    A. A 受到支持力、重力

    B. B 受到支持力、重力、摩擦力

    C. A 受到桌面对它向右的摩擦力

    D. B 受到 A 对它向右的弹力

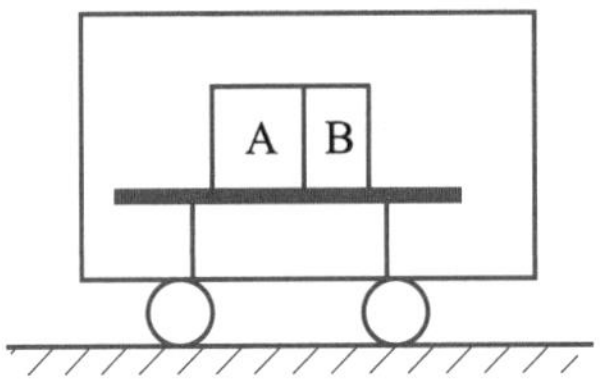

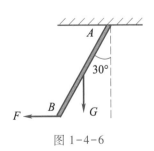

图 1-4-5

*（7）如图 1-4-6 所示,均匀杆重为 $G$,并可绕 $A$ 端转动,在 $B$ 端用水平力拉杆,使之与竖直方向的夹角为 30°时,杆恰好平衡,则所用的水平拉力大小是(　　)。

    A. $\dfrac{\sqrt{3}}{6}G$                     B. $\dfrac{\sqrt{3}}{3}G$

    C. $G/2$                          D. $G$

图 1-4-6

**4. 计算题**

（1）将一个重 500 N 的木箱放在水平面上,一人用与水平面夹角为 30°、大小为 200 N 的力斜向上拉木箱,使箱子匀速前进。① 画出木箱的受力图;② 求木箱受到的摩擦力和地面所受的压力。

*(2) 如图 1-4-7 所示,粗细均匀的 AB 杆重 100 N,可绕 A 端转动,现将重量 $G_1 = 200$ N 的物体挂于杆的 B 端,并在中点 C 处用水平绳将杆拉住,已知 AB 杆与竖直方向的夹角为 60°,求水平绳的拉力 F。

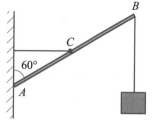

图 1-4-7

### 5. 实践题

将空的易拉罐斜着放在桌面上,发现易拉罐无法斜立。向易拉罐里倒入约三分之一的水,再尝试将易拉罐倾斜放在桌面上(图 1-4-8),易拉罐能否成功斜立在桌面上? 为什么?

图 1-4-8

### *6. 简答题

如图 1-4-9 所示,高空作业的工人被一根绳索悬在空中。已知工人及其身上装备的总质量为 m,绳索与竖直墙壁的夹角为 α,重力加速度为 g,不计人与墙壁之间的摩擦,设绳索上的拉力大小为 $F_1$,墙壁与工人之间的弹力大小为 $F_2$,若缓慢增大悬绳的长度,则 $F_1$、$F_2$ 怎样变化?

图 1-4-9

# 第五节　学生实验：长度的测量

## 一、重点难点解析

### （一）游标卡尺的构造和精度

（1）构造。如图 1-5-1 所示，游标卡尺由主尺和套在主尺上可沿主尺滑动的游标尺组成。

（2）精度。图 1-5-1 所示游标卡尺的精度为 0.02 mm。常用游标卡尺的精度有 0.1 mm、0.05 mm 和 0.02 mm 等（刻度线分别为 10 条、20 条和 50 条）。

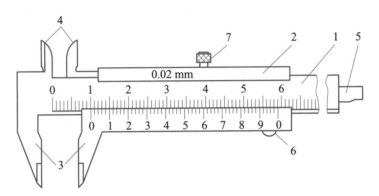

1. 主尺；2. 游标尺；3. 外卡脚；4. 内卡脚；5. 深度尺；6. 推钮；7. 锁紧螺钉

图 1-5-1

### （二）游标卡尺的使用

使用前，应先将游标尺与主尺的外卡脚合拢，观察它们的"0"刻度线是否对齐（图 1-5-2）。

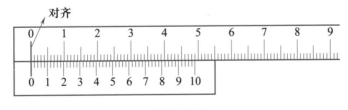

图 1-5-2

读数的方法如下：

① 如图 1-5-3 所示，以最小刻度为 1 mm、精度为 0.02 mm 的游标卡尺为例，先读取整数部分 $l_0$，即游标尺"0"刻度线左边主尺上的整数部分 $l_0 = 32$ mm；

再读取小数部分 $\Delta l$，即游标尺上一根与主尺上某一刻度线对齐的刻度线的数值 $n$ 与游标卡尺精度的乘积，$\Delta l = n \times$ 精度 $= 24 \times 0.02$ mm $= 0.48$ mm。

② 最后计算测量结果

$$l = l_0 + \Delta l = l_0 + n \times 精度$$

$$32\text{ mm(整数部分)} + 0.48\text{ mm(小数部分)} = 32.48\text{ mm}$$

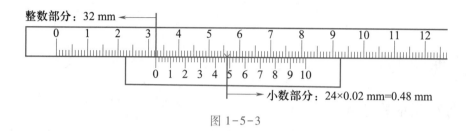

图 1-5-3

## 二、应用实例分析

**实例**　用精度为 0.02 mm 的游标卡尺测量某圆筒的内径时,游标卡尺上的示数如图 1-5-4 所示,则圆筒的内径是多少?

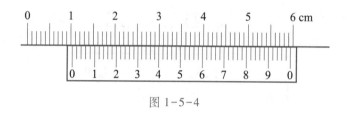

图 1-5-4

**分析**:解决本题的关键是掌握游标卡尺读数的方法,主尺读数加上游标尺读数,不需估读。

**解**:游标卡尺主尺部分读数为 10 mm,该游标卡尺是 50 分度的,游标尺上每一刻度为 0.02 mm,现在是第 16 条刻度线与主尺刻度线对齐,则游标尺读数为 $16 \times 0.02$ mm $= 0.32$ mm,所以总的读数 $l = 10$ mm $+ 0.32$ mm $= 10.32$ mm。

**方法指导**:按读数规则准确读数,根据 $l = l_0 + \Delta l = l_0 + n \times 精度$,计算出最后的结果。

## 三、素养提升训练

**1. 填空题**

(1) 游标卡尺是常用的测量长度的量具,可以测量物体的_____、_____、_____,它由_____和附在主尺上能滑动的_____两部分构成。

(2) 游标卡尺可分为 10 分度、20 分度、50 分度游标卡尺,它们的精度分别是_____、_____、_____。

(3) 2020 年 5 月 27 日,中国 2020 珠峰高程测量登山队队员成功登顶世界第一高峰——珠穆朗玛峰,获得最新高程 8 848.86 m。该测量结果有_____位有效数字。

（4）误差的分类有_____误差、_____误差、_____误差。

（5）如图 1-5-5 所示,游标卡尺的读数为_____cm。

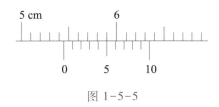

图 1-5-5

*（6）如图 1-5-6 所示,游标卡尺的读数为_____cm。

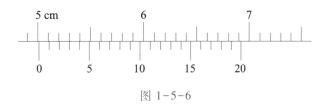

图 1-5-6

*（7）如图 1-5-7 所示,游标卡尺的读数为_____mm。

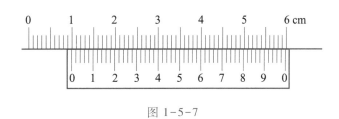

图 1-5-7

*（8）在某实验中,两位同学用游标卡尺测量小球的直径,如图 1-5-8 所示。测量方法正确的是_____（填"a"或"b"）。

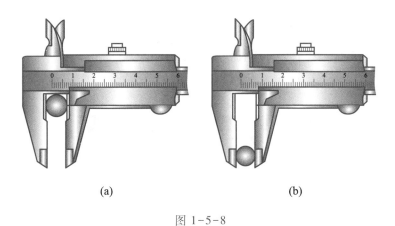

(a)　　　　　　　　　　(b)

图 1-5-8

### 2. 判断题

（1）在单位变换时,有效数字的位数应保持不变。　　　　　　　　　　　（　　）

（2）测量前游标尺与主尺的外测量爪合拢时,"0"刻度线不对齐也可直接测量。（　　）

（3）测量时,将待测物放在游标卡尺的测量爪的凹处。　　　　　　　　　（　　）

（4）在零件的同一截面上不同方向进行多次测量的结果可以更精确。 （ ）

*（5）使用游标卡尺读数要水平拿尺,使视线和卡尺刻线表面尽量垂直。 （ ）

*（6）用游标卡尺测量零件施加的压力应使两个量爪刚好接触零件表面。 （ ）

**3. 单选题**

（1）下列关于游标卡尺的使用方法,不正确的是( )。

    A. 使用前,先将游标尺与主尺的外测量爪合拢且"0"刻度线对齐

    B. 测量时,将待测物夹于游标卡尺的刀口间

    C. 读数时,先读游标尺上的读数,再读主尺上的读数

    D. 测量值＝主尺读数+游标尺读数

（2）下列关于数显卡尺的使用方法,正确的是( )。

    A. 数显卡尺直接在液晶显示窗显示所测数值

    B. 所有数显卡尺不宜在潮湿、接触水等环境下使用

    C. 使用前,用丙酮、汽油等擦净尺身表面

    D. 数显卡尺不容易出现显示混乱

（3）下列关于误差的说法中,错误的是( )。

    A. 测量值与真值之间存在差值,这个差值就称为误差

    B. 系统误差不能完全避免,对测量结果的准确程度起决定作用

    C. 多次测量取其平均值作为测量结果可大大减小偶然误差

    D. 系统误差可以设法消除

（4）关于游标卡尺的精度,以下说法正确的是( )。

    A. 游标尺上有 10 条刻度线,则游标卡尺的精度为 0.1 mm

    B. 游标尺上有 20 条刻度线,则游标卡尺的精度为 0.2 mm

    C. 游标尺上有 50 条刻度线,则游标卡尺的精度为 0.5 mm

    D. 游标尺上有 10 条刻度线,则游标卡尺的精度为 1 mm

*（5）图 1-5-9 所示的游标卡尺的精度是( )。

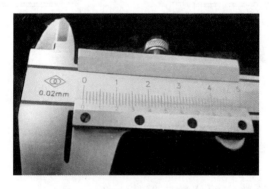

图 1-5-9

    A. 0.1 mm        B. 0.2 mm        C. 0.5 mm        D. 0.02 mm

*（6）如图 1-5-10 所示,游标卡尺测量的是金属圆柱体的(　　)。

图 1-5-10

A. 内径 　　　　B. 外径 　　　　C. 半径 　　　　D. 高度

## 自我评价反思

　　针对本主题"素养提升训练"的完成情况,同学们可从核心素养发展、学习行为表现、学习兴趣提升等方面寻找自己的收获与亮点,查找疑惑与不足,并填写表 1-6-1。

表 1-6-1

| 自我评价内容 | 收获与亮点 | 疑惑与不足 |
|---|---|---|
| 物理观念及应用 | | |
| 科学思维与创新 | | |
| 科学实践与技能 | | |
| 科学态度与责任 | | |

## 学业水平测试

（时间：90 min，总分：100 分）

一、填空题（每空 1 分，累计 18 分）

1. 在共点力作用下,物体的平衡条件是_____等于零。在有固定转轴的物体上,物体保持平衡的条件是_____为零。

2. 如图 1-7-1 所示,某人用力 $F$ 斜向上拉物体,按照力的作用效果,将 $F$ 分解成互相垂直的两个分力。使物体沿水平方向前进的力 $F_1$ = _____,使物体上提的力 $F_2$ = _____。这种分解方式是_____。

3. 如图 1-7-2 所示,将静止在斜面上的物体所受的重力 $G$,分解成平行于斜面的分力 $G_{//}$ 和垂直于斜面的分力 $G_{\perp}$,则 $G_{//}$ = _____,$G_{\perp}$ = _____。

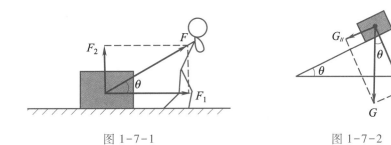

图 1-7-1                    图 1-7-2

4. 把一个竖直向下,大小为 8 N 的力分解为两个力,其中一个分力的方向水平,大小为 6 N,那么另一个分力的大小为_____N。

5. 互成角度的共点力的合成,遵守_____定则,即合力的大小不仅取决于两个分力的_____,而且取决于两个分力的_____。

6. _____是物体转动状态发生改变的原因。物体的转动效果不仅跟_____有关,还跟_____有关。

*7. 如图 1-7-3 所示,游标卡尺(游标尺上有 50 个等分刻度)的读数为_____mm。

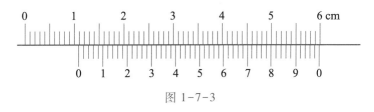

图 1-7-3

*8. 在图 1-7-4 中,$F$ = 20 N,$OA$ = 0.5 m,$\theta$ = 30°,棒的质量不计,$O$ 为转轴,$F$ 的力矩分别是_____N·m,_____N·m,_____N·m。

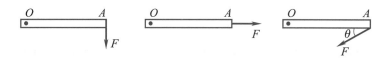

图 1-7-4

\*9. 一根弹簧不挂物体时,长为 10 cm,挂上 $G=6.0$ N 的砝码时,长为 16 cm,则该弹簧的劲度系数是_____ N/m。

**二、判断题(每题 3 分,累计 18 分)**

1. 摩擦力的方向与物体运动的方向总是相反。 （　　）

2. 受静摩擦力作用的物体一定是静止的。 （　　）

3. 若两个分力大小不变,夹角越小,合力就越大。 （　　）

4. 力的合成和力的分解都遵循平行四边定则。 （　　）

\*5. 二力平衡,将其中向东的力 $F$ 转过 90°,合力大小变为 $\sqrt{2}F$。 （　　）

\*6. 杨浦大桥是双塔双索面斜拉桥,钢索巨大拉力的合力能拉起桥体。 （　　）

**三、选择题(每题 5 分,累计 40 分)**

1. 我国自主研发的火星探测器"天问一号"的质量约为 $5\times10^3$ kg,着陆器上搭载质量为 240 kg 的"祝融号"火星车。若地球上 $g$ 取 9.8 m/s²,火星表面 $g$ 取 3.72 m/s²,则下列说法中正确的是(　　)。

　　A. 发射前"天问一号"受到竖直向下的重力约 $4.9\times10^4$ N

　　B. 它们从地球到火星后,质量、重力都不变

　　C. "祝融号"火星车在火星上重约 240 kg,重力不变

　　D. 在火星表面不同纬度 $g$ 不变

2. 在体操吊环比赛中,运动员的两臂从竖直位置开始缓慢展开到接近水平(图 1-7-5)。关于这一过程,下列说法中正确的是(　　)。

图 1-7-5

　　A. 吊绳的拉力保持不变　　　　　　　　B. 吊绳的拉力逐渐减小

　　C. 两绳的合力保持不变　　　　　　　　D. 两绳的合力逐渐增大

3. 放在桌面上质量为 10 kg 的物体,如果受到一个竖直向上的 68 N 的拉力,则下列说法中正确的是（    ）。

    A. 物体受到桌面的支持力为 68 N        B. 物体对桌面的压力为 98 N

    C. 物体受到桌面的支持力为 30 N        D. 物体受到的合外力为 30 N

4. 下列关于摩擦力的说法中,正确的是（    ）。

    A. 总是阻碍物体之间的相对运动        B. 方向总与相对运动趋势的方向相反

    C. 大小一定跟物体的重力成正比        D. 物体受到滑动摩擦力时必受到弹力

5. 握在手中的水杯不滑落下来,这是因为（    ）。

    A. 手的握力大于杯子的重力        B. 手的握力等于杯子的重力

    C. 手对杯子的静摩擦力大于杯子的重力    D. 手对杯子的静摩擦力等于杯子的重力

6. 下列关于力矩的说法中,不正确的是（    ）。

    A. 力对物体的转动作用决定于力矩的大小

    B. 力矩可以使物体向不同的方向转动

    C. 作用在同一个点上的两个力,较大的力产生的力矩也较大

    D. 力矩等于零时,力对物体不会产生转动

*7. 如图 1-7-6 所示,在粗糙的水平面上叠放着物体 A 和 B,A 和 B 间的接触面也是粗糙的,如果用水平拉力 $F$ 施于 A,而 A、B 一起匀速运动,则下面的说法中正确的是（    ）。

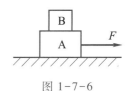

图 1-7-6

    A. 物体 A 与地面间的滑动摩擦力大小不等于 $F$

    B. 物体 A 与地面间的滑动摩擦力大小等于零

    C. 物体 A 与 B 间的静摩擦力大小等于 $F$

    D. 物体 A 与 B 间的静摩擦力大小等于零

*8. 如图 1-7-7 所示,总重为 $G$ 的吊灯用三条长度相同的轻绳悬挂在天花板上,每条轻绳与竖直方向的夹角均为 $\theta$,则每条轻绳对吊灯的拉力大小为（    ）。

图 1-7-7

    A. $\dfrac{1}{3}G\sin\theta$          B. $\dfrac{G}{3\sin\theta}$          C. $\dfrac{1}{3}G\cos\theta$          D. $\dfrac{G}{3\cos\theta}$

**四、计算题**（每题 **8** 分,累计 **24** 分）

1. 如图 1-7-8 所示,为了防止电线杆倾倒,常在其两侧对称地拉上钢绳。设两条钢绳间

的夹角是 60°,两条钢绳的拉力都是 300 N,求两条钢绳作用在电线杆上的合力。

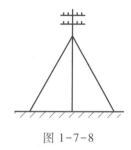

图 1-7-8

2. 如图 1-7-9 所示,在桥梁施工过程中,起重机吊装重为 $G$ 的大型桥梁板,当两条钢绳与水平方向的夹角均为 60°时,求起重机的两条钢绳受到的拉力。

图 1-7-9

*3. 图 1-7-10 所示为简易起重机的示意图,均匀钢管制成的起重臂长 $l = 4.0$ m,重 $G_1 = 1.0 \times 10^3$ N,物重 $G_2 = 1.0 \times 10^3$ N。若钢索跟起重臂垂直,重物与起重臂都处于平衡状态,求钢索中的拉力 $F$。

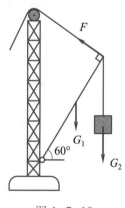

图 1-7-10

# 主题二

# 运动和力

**知识脉络思维导图**

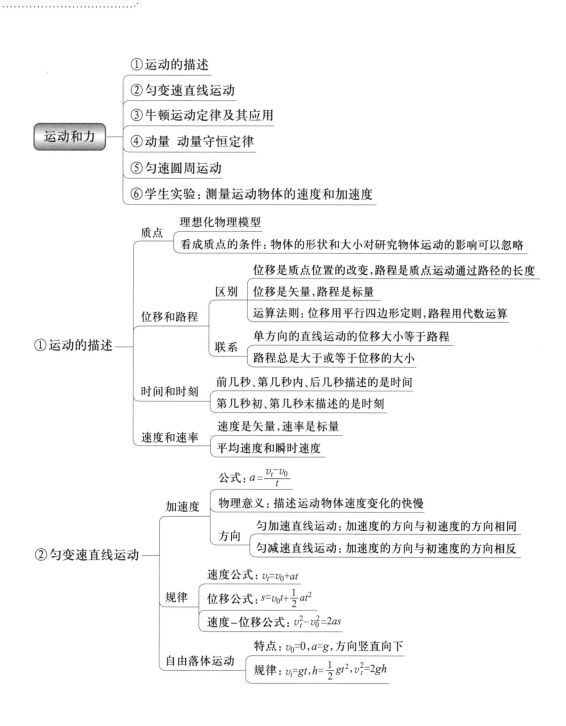

运动和力
- ① 运动的描述
- ② 匀变速直线运动
- ③ 牛顿运动定律及其应用
- ④ 动量 动量守恒定律
- ⑤ 匀速圆周运动
- ⑥ 学生实验：测量运动物体的速度和加速度

① 运动的描述
- 质点
  - 理想化物理模型
  - 看成质点的条件：物体的形状和大小对研究物体运动的影响可以忽略
- 位移和路程
  - 区别
    - 位移是质点位置的改变，路程是质点运动通过路径的长度
    - 位移是矢量，路程是标量
    - 运算法则：位移用平行四边形定则，路程用代数运算
  - 联系
    - 单方向的直线运动的位移大小等于路程
    - 路程总是大于或等于位移的大小
- 时间和时刻
  - 前几秒、第几秒内、后几秒描述的是时间
  - 第几秒初、第几秒末描述的是时刻
- 速度和速率
  - 速度是矢量，速率是标量
  - 平均速度和瞬时速度

② 匀变速直线运动
- 加速度
  - 公式：$a = \dfrac{v_t - v_0}{t}$
  - 物理意义：描述运动物体速度变化的快慢
  - 方向
    - 匀加速直线运动：加速度的方向与初速度的方向相同
    - 匀减速直线运动：加速度的方向与初速度的方向相反
- 规律
  - 速度公式：$v_t = v_0 + at$
  - 位移公式：$s = v_0 t + \dfrac{1}{2} at^2$
  - 速度-位移公式：$v_t^2 - v_0^2 = 2as$
- 自由落体运动
  - 特点：$v_0 = 0$，$a = g$，方向竖直向下
  - 规律：$v_t = gt$，$h = \dfrac{1}{2} gt^2$，$v_t^2 = 2gh$

③牛顿运动定律及其应用 ┬ 牛顿第一定律 ┬ 成立条件：不受外力或所受合外力为零
　　　　　　　　　　　　　　　　　　└ 惯性大小的量度：质量
　　　　　　　　　　├ 牛顿第二定律　公式：$F=ma$ 或 $a=\dfrac{F}{m}$
　　　　　　　　　　└ 牛顿第三定律：作用力与反作用力

④动量 动量守恒定律 ┬ 动量 ┬ 方向：与速度方向相同
　　　　　　　　　　　　　└ 定义：物体的质量和速度的乘积 $mv$
　　　　　　　　├ 冲量 ┬ 方向：与作用力的方向相同
　　　　　　　　　　　　└ 定义：力和力的作用时间的乘积 $Ft$
　　　　　　　　├ 动量定理　公式：$Ft=mv_t-mv_0$
　　　　　　　　└ 动量守恒定律 ┬ 公式：$m_1v_1+m_2v_2=m_1v_{10}+m_2v_{20}$
　　　　　　　　　　　　　　　　└ 守恒条件 ┬ 系统不受外力或所受的合外力为零
　　　　　　　　　　　　　　　　　　　　├ 宏观或微观的碰撞或爆炸，所受合外力远小于内力
　　　　　　　　　　　　　　　　　　　　└ 系统在某一方向上的合外力为零时，该方向上动量守恒

⑤匀速圆周运动 ┬ 描述匀速圆周运动的物理量 ┬ 线速度 ┬ 公式：$v=\dfrac{s}{t}=\dfrac{2\pi R}{T}=2\pi Rf$
　　　　　　　　　　　　　　　　　　　　　　　└ 特点：大小不变，方向时刻在变
　　　　　　　　　　　　　　　├ 角速度　公式：$\omega=\dfrac{\varphi}{t}=\dfrac{2\pi}{T}=2\pi f$
　　　　　　　　　　　　　　　├ 线速度与角速度的关系：$v=\omega R$ 或 $\omega=\dfrac{v}{R}$
　　　　　　　　　　　　　　　├ 周期和频率　公式：$T=\dfrac{1}{f}$ 或 $f=\dfrac{1}{T}$
　　　　　　　　　　　　　　　└ 转速和频率的关系：$n=60f$ 或 $f=\dfrac{n}{60}$
　　　　　　├ 机械传动现象 ┬ 传动带传动：$v_1=v_2$，$\omega_1R_1=\omega_2R_2$
　　　　　　　　　　　　　　└ 齿轮传动：两齿轮边缘的线速度相同
　　　　　　├ 向心力 ┬ 公式：$F=m\dfrac{v^2}{R}$ 或 $F=m\omega^2R$
　　　　　　　　　　├ 方向：与线速度垂直、沿半径指向圆心
　　　　　　　　　　└ 特点：大小不变，方向时刻在变
　　　　　　└ 向心加速度 ┬ 公式：$a=\dfrac{v^2}{R}$ 或 $a=\omega^2R$
　　　　　　　　　　　　├ 方向：与向心力的方向相同，总是指向圆心
　　　　　　　　　　　　└ 特点：大小不变，方向时刻在变

# 第一节　运动的描述

## 一、重点难点解析

### （一）质点

（1）质点是理想化的物理模型。

（2）看成质点的条件。物体的形状和大小对研究物体的运动影响不大。

### （二）位移和路程

位移和路程的区别（表 2-1-1）

表 2-1-1

| 比较项目 | 位移 | 路程 |
| --- | --- | --- |
| 概念 | 质点位置的变化 | 质点运动所经过的路径的长度 |
| 物理意义 | 表示物体位置变化的物理量 | 反映了物体运动所经过的实际轨迹的长度 |
| 矢、标量 | 矢量，既有大小，又有方向 | 标量，只有大小，没有方向 |
| 运算规则 | 平行四边形定则 | 代数运算 |
| 联系 | ① 只有当物体做单方向直线运动时，位移大小才与路程相等；<br>② 路程总是大于或等于位移的大小 | |

### （三）速度和速率

1. 平均速度和瞬时速度的区别（表 2-1-2）

表 2-1-2

| 比较项目 | 平均速度 | 瞬时速度 |
| --- | --- | --- |
| 概念 | 物体运动的位移 $s$ 与发生这段位移所用时间 $t$ 的比值：$\bar{v} = \dfrac{s}{t}$ | 运动物体在某一时刻（或某一位置）的速度 |
| 物理意义 | ① 粗略描述物体运动的快慢；<br>② 物体在某段位移或某段时间内的平均运动快慢 | 表示物体在某一位置或某一时刻的运动快慢 |
| 判断方法 | 与位移和发生这段位移所需时间对应 | 与位置或时刻对应 |
| 联系 | ① 瞬时速度是运动时间 $\Delta t \to 0$ 时的平均速度；<br>② 匀速直线运动中，任意一段时间内的平均速度等于该段时间内任一时刻的瞬时速度 | |

2. 速度和速率的区别

速度是矢量，速率是标量；速度是描述物体运动快慢和方向的物理量，速率只反映物体运动的快慢;瞬时速度的大小称为瞬时速率,简称速率,但不能由此推断平均速度的大小就是平均速率。

 **二、应用实例分析**

**实例 1**　下列情况可以看成质点的是(　　　)。

　　A. 某战斗机从"辽宁号"航空母舰上起飞时,可把航空母舰看作质点

　　B. "玉兔号"从"嫦娥三号"中"走"出来,即两者分离的过程中,研究"玉兔号"一连串技术含量极高的"慢动作"时,"玉兔号"可看作质点

　　C. 研究"玉兔号"巡视器巡视月球时的运动轨迹时,"玉兔号"巡视器可看作质点

　　D. 研究自行车的运动时,因为车轮在转动,所以在任何情况下,自行车都不能看作质点

　　**分析:**某战斗机从"辽宁号"航空母舰上起飞时,航空母舰的长度不能忽略,所以不可以把航空母舰看作质点,A 错误;研究"玉兔号"一连串技术含量极高的"慢动作"时,不能把"玉兔号"看作质点,B 错误;研究"玉兔号"巡视器巡视月球时的运动轨迹时,"玉兔号"巡视器的大小和形状能忽略,可看作质点,C 正确;研究自行车运动时,若只研究自行车运动的快慢,自行车可以看作质点,D 错误。

　　**解:**选择 C。

　　**方法指导:**同一物体在不同的运动情景中,有时可视为质点,有时不能视为质点,应根据将物体看成质点的条件进行判断,关键看物体的大小和形状对所研究问题的影响是否可以忽略。

　　**实例 2**　中国首颗绕月探测卫星"嫦娥一号"由"长征三号甲"运载火箭成功送入太空,在"嫦娥一号"卫星飞向 $3.8 \times 10^5$ km 外月球的漫长旅途中,需要进行一系列高度复杂又充满风险的控制动作,即三次绕地球变轨,然后进入地月转移轨道,再三次绕月球变轨,最后绕月球做圆周运动。图 2-1-1 所示是"嫦娥一号"升空的路线图,下列说法中正确的是(　　　)。

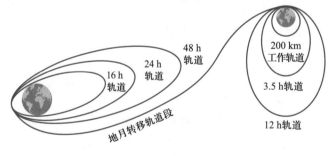

图 2-1-1

　　A. 图中描述卫星绕地球运动情境的三个椭圆轨道都是以地球为参考系的

　　B. 图中描述卫星绕月球运动情境的三个椭圆轨道都是以地球为参考系的

　　C. 图中描述卫星运动情境的所有轨道都是以地球为参考系的

　　D. 图中描述卫星运动情境的所有轨道都是以太阳为参考系的

分析:描述卫星绕地球运动情境的三个椭圆轨道都是以地球为参考系,描述卫星绕月球运动情境的三个椭圆轨道都是以月球为参考系的,所以 A 正确,B、C、D 不正确。

解:选择 A。

方法指导:判断物体是否运动一般是相对于参考系而言的,选择不同的参考系,物体的运动情况不一样,这就是运动的相对性。

## 三、素养提升训练

**1. 填空题**

(1) 研究一个物体的运动时,物体的_____和_____对研究问题的影响可以忽略,就可以用一个具有该物体全部_____的点来代替整个物体,这样的点称为质点。质点是一种_____的物理模型。

(2) 位移是描述_____变化的物理量。位移的大小用物体的_____指向_____的有向线段的长度来表示。路程是指质点运动所通过的_____的长度。在单方向直线运动中,位移的大小_____路程;其他情况下,位移的大小_____路程。

(3) 2021 年 7 月 4 日 8 时 11 分,"神舟十二号"航天员刘伯明成功开启天和核心舱节点舱出舱门,经过约 7 小时的出舱活动,航天员回到核心舱脱下舱外航天服。"8 时 11 分"是_____,"7 小时"是_____。

(4) 敦煌曲子词中有这样的诗句:"满眼风波多闪烁,看山恰似走来迎,仔细看山山不动,是船行"。其中"看山恰似走来迎"和"是船行"所选的参考系分别是_____、_____。

(5) 子弹以 600 m/s 的速度从枪口飞出,指的是_____速度;飞机从北京飞到上海的飞行速度是 600 km/h,指的是_____速度。

(6) 高速公路上,若采用单点测速仪测车速,这是测_____速率;若采用区间测速,这是测_____速率。

*(7) 一个弹性小球从 1 m 高处竖直下落后,又向上弹起 0.6 m 高,则小球的位移大小是_____,方向为_____,路程为_____m。

*(8) 一辆汽车向东行驶了 300 m,接着又向北行驶了 400 m,这辆汽车的位移大小是_____m,路程为_____m。

**2. 判断题**

(1) 100 米终点处,裁判在分析运动员冲线过程时,运动员可视为质点。 (    )

(2) 在单方向的直线运动中,位移的大小和路程相等。 (    )

(3) 速率是瞬时速度的大小。 (    )

(4) 机械运动是一个物体相对于另一个物体的位置变化,一定是直线运动。 (    )

*(5) 一个物体是运动还是静止与参考系的选择有关,运动具有相对性。 (    )

*(6) "神舟十号"飞船绕地球飞行一周的过程中,位移和路程都为零。 (    )

3. 单选题

（1）2019 年 10 月 1 日,庆祝中华人民共和国成立 70 周年大会阅兵仪式上,空中领队机梯队由九架战机保持"固定队列"在天安门广场上空飞过(图 2-1-2)。下列有关说法正确的是(　　)。

图 2-1-2

　　A. 以编队中某一飞机为参考系,其他飞机是静止的

　　B. 以编队中某一飞机为参考系,其他飞机是运动的

　　C. 以飞行员为参考系,广场上的观众是静止的

　　D. 以广场上的观众为参考系,飞机竖直向上运动

（2）下列研究中可以把物体看成质点的是(　　)。

　　A. 分析乒乓球的旋转　　　　　　　　B. 研究跳水运动员的空中姿态

　　C. 研究"嫦娥二号"的飞行姿态　　　　D. 研究地球绕太阳公转

（3）一个质点沿半径为 $R$ 的圆运动一周后回到原地,位移的大小和路程分别是(　　)。

　　A. $2\pi R, 2\pi R$　　　　B. $0, 2\pi R$　　　　C. $2\pi R, 0$　　　　D. $0, 0$

（4）下列情况属于时刻的是(　　)。

　　A. 第 3 s 内　　　B. 第 3 s 初　　　C. 前 3 s　　　D. 后 3 s

（5）2021 年 8 月,中国运动员在东京奥运会男子百米半决赛中,以 9 秒 83 的成绩成功闯入决赛,成为中国首位闯入奥运会男子百米决赛的运动员。9 秒 83 是(　　)。

　　A. 与位置对应　　　B. 时刻　　　C. 时间　　　D. 无法确定

*（6）下列关于冬奥会项目的研究中,可以将运动员看作质点的是(　　)。

　　A. 研究滑冰运动员滑冰的快慢

　　B. 研究自由滑雪运动员的空中姿态

　　C. 研究单板滑雪运动员的空中转体动作

　　D. 研究花样滑冰运动员的花样动作

*（7）关于平均速度,下面说法中错误的是(　　)。

　　A. 匀速运动的平均速度等于瞬时速度

　　B. 瞬时速度与位置和时刻相对应

C. 在很短的时间内的平均速度称为瞬时速度,而不能称为平均速度

D. 在变速直线运动中,质点在发生相等位移时的平均速度一般是不相等的

**4. 计算题**

*(1) 如图 2-1-3 所示,假如每层楼的高度都是 3 m,楼梯的倾角为 45°,一个人沿楼梯从大门走到三楼房门口,求他走过的位移的大小和路程分别是多少?(人爬楼的过程等效为物体沿坡滑行)

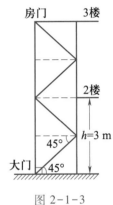

图 2-1-3

(2) 在公路上行驶的汽车,半小时内通过的位移是 30 km,行驶第一个 10 km 用了 12 min,第二个 10 km 用了 8 min,第三个 10 km 用了 10 min,试求汽车在每个 10 km 的位移中的平均速度和全程中的平均速度。

## 第二节 匀变速直线运动

### 一、重点难点解析

**（一）加速度**

（1）概念。在匀变速直线运动中,速度的改变量 $v_t-v_0$ 与所用时间 $t$ 的比值。

（2）公式。$a=\dfrac{v_t-v_0}{t}$。

（3）物理意义。描述运动物体速度变化的快慢。

（4）方向。与速度改变量的方向相同。

① 做匀加速直线运动时,加速度的方向与初速度的方向相同,$v_t>v_0$,$a$ 为正值。

② 做匀减速直线运动时,加速度的方向与初速度的方向相反,$v_t<v_0$,$a$ 为负值。

**（二）匀变速直线运动的规律**

（1）速度公式。$v_t=v_0+at$。

（2）平均速度公式。$\bar{v}=\dfrac{v_0+v_t}{2}$。

（3）位移公式。$s=v_0t+\dfrac{1}{2}at^2$。

（4）速度和位移的关系。$v_t^2-v_0^2=2as$。

**（三）自由落体运动**

（1）重力加速度。在同一地点,一切物体在做自由落体运动中的加速度都相同,这个加速度称为重力加速度,通常用字母 $g$ 来表示。

（2）特点。初速度为零的匀加速直线运动,加速度大小 $g=9.8\ \mathrm{m/s^2}$（粗略计算时可取 $g=10\ \mathrm{m/s^2}$）,加速度的方向竖直向下。

（3）规律。$v_t=gt$,$h=\dfrac{1}{2}gt^2$,$v_t^2=2gh$。

### 二、应用实例分析

实例 1 如图 2-2-1 所示,在一些航空母舰上安装有帮助飞机起飞的弹射系统,使飞机可以在较短的跑道上起飞。假如某战斗机在跑道上做匀加速直线运动时,产生的最大加速度为 $5\ \mathrm{m/s^2}$。飞机滑行 120 m 后起飞时的速度必须达到 50 m/s,求:（1）弹射系统必须使飞机具有多大的初速度;(2)飞机在跑道上滑行的时间。

图 2-2-1

分析:已知 $v_t = 50 \text{ m/s}$、$a = 5 \text{ m/s}^2$,求 $v_0$。选 $v_0$ 的方向为正方向,飞机做匀加速直线运动的加速度 $a$ 为正,应用匀变速直线运动的相关公式可以求解。

解:根据公式 $v_t^2 - v_0^2 = 2as$ 得,飞机的初速度为

$$v_0 = \sqrt{v_t^2 - 2as} = \sqrt{50^2 - 2 \times 5 \times 120} \text{ m/s} \approx 36 \text{ m/s}$$

飞机在跑道上滑行的时间为

$$t = \frac{v_t - v_0}{a} = \frac{50 - 36}{5} \text{ s} = 2.8 \text{ s}$$

方法指导:仔细审题,弄清已知量和未知量,选定一个正方向(一般选初速度方向为正方向)。若是匀加速直线运动,$a$ 取正值;若是匀减速直线运动,$a$ 取负值。

实例 2 一辆汽车以 72 km/h 的速度在平直公路上匀速行驶,突然发现前方 40 m 处有需要紧急停车的危险信号,司机立即采取制动措施。已知该车在制动过程中加速度的大小为 5 m/s²,则从制动开始经过 5 s,汽车前进的距离是多少?此时汽车是否已经进入危险区域?

分析:已知初速度 $v_0 = 72 \text{ km/h} = 20 \text{ m/s}$,若误认为运动时间为 $t = 5 \text{ s}$,从而套用公式 $s = v_0 t + \frac{1}{2} at^2$,代入数据得 $s = v_0 t + \frac{1}{2} at^2 = (20 \times 5 - \frac{1}{2} \times 5 \times 5^2) \text{ m} = 37.5 \text{ m} < 40 \text{ m}$,进而判断汽车未进入危险区域就容易出错。

解:设汽车由制动开始至停止运动所用的时间为 $t_0$,选 $v_0$ 的方向为正方向,由于汽车做匀减速直线运动,加速度 $a = -5 \text{ m/s}^2$,则根据 $v_t = v_0 + at$ 得

$$t_0 = \frac{v_t - v_0}{a} = \frac{0 - 20}{-5} \text{ s} = 4 \text{ s}$$

可见,该汽车制动后经过 4 s 就已停下,其后的时间内汽车是静止的。

由运动学公式知,从制动开始经过 5 s,汽车通过的距离为

$$s = v_0 t + \frac{1}{2} at^2 = (20 \times 4 - \frac{1}{2} \times 5 \times 4^2) \text{ m} = 40 \text{ m}$$

即汽车此时恰好到达危险区域边缘,未进入危险区域。

方法指导:对实际生活中的运动问题,一定要具体问题具体分析。像匀减速直线运动的问

题,一定要注意是否有反向运动的可能性。本题中汽车紧急制动,速度减为零后即保持静止状态,并不存在反向运动。经分析可知,汽车从制动开始到停止运动所用的时间是 4 s,比题目讨论的时间短,这是命题者设置的陷阱,要引起重视,避免出错。

## 三、素养提升训练

**1. 填空题**

（1）物体在一条直线上运动,如果在_____的时间内速度的_____都相等,这种运动称为匀变速直线运动,包括_____直线运动和_____直线运动。

（2）物理学中把速度的_____与所用_____的比值,称为加速度。加速度描述运动物体_____的快慢。做匀变速直线运动的物体_____的大小和方向始终不变。所以,匀变速直线运动是加速度_____的运动。

（3）匀变速直线运动是一种_____模型。匀变速直线运动的速度-时间图像,是一条_____直线。

（4）匀加速直线运动中,加速度的方向跟速度的方向_____;匀减速直线运动中加速度的方向跟速度的方向_____。

（5）物体只在_____作用下,从_____开始下落的运动称为自由落体运动。

（6）一物体从高空自由下落,落地时的速度是 19.6 m/s;则物体下落时的高度是_____ m,下落到地面所用的时间是_____ s。（$g$ 取 9.8 m/s$^2$）

*（7）一辆汽车从车站由静止开始缓慢加速行驶,出站后在公路上做匀速直线运动,遇到障碍物时,突然紧急制动,在汽车运动的全过程中,速度最大的阶段是_____,加速度的数值最大和最小的阶段分别是_____和_____。

*（8）磁悬浮列车的速度在 70 s 内可达 431 km/h;我国新研制的电磁轨道炮可以在 0.008 s 内将弹体速度从 0 提高到 2 500 m/s。若认为它们在做匀加速直线运动,则磁悬浮列车的加速度为_____ m/s$^2$,弹体的加速度为_____ m/s$^2$。

**2. 判断题**

（1）加速度是速度对时间的变化率,数值上等于单位时间内速度的变化。　　　　（　　）

（2）速度变化量越大,加速度一定越大。　　　　（　　）

（3）速度变化所用的时间越短,加速度一定越大。　　　　（　　）

（4）加速度与速度同向,物体加速,反向则减速。　　　　（　　）

*（5）自由落体运动开始下落的瞬间,加速度不为零,速度为零。　　　　（　　）

*（6）若质点加速度为零,则速度为零,速度变化量也为零。　　　　（　　）

**3. 单选题**

（1）下面关于匀变速直线运动的叙述中,错误的是（　　　）。

　　A. 物体运动的轨迹不是直线的,一定不是匀变速直线运动

B. 物体的速度变化有时快、有时慢的直线运动一定不是匀变速直线运动

C. 加速度的大小不随时间变化的直线运动,一定是匀变速直线运动

D. 加速度的大小和方向不随时间变化的直线运动,一定是匀变速直线运动

(2)下列关于加速度的说法中,正确的是( )。

A. 加速度大的物体,速度变化量一定也大

B. 加速度的方向就是物体的运动方向

C. 若物体的加速度越来越大,它的速度一定越来越大

D. 加速度越大,说明物体的速度变化越快

(3)关于速度和加速度的关系,下列说法中正确的是( )。

A. 速度变化越大,加速度越大

B. 速度变化越快,加速度越大

C. 加速度大小不变,速度方向也保持不变

D. 加速度大小不断变小,速度大小也不断变小

(4)在下列各加速度中,加速度最大的是( )。

A. 5 m/s$^2$                             B. 2 m/s$^2$

C. −8 m/s$^2$                         D. −5 m/s$^2$

(5)一个质点做方向不变的直线运动,加速度的方向始终与速度方向相同,但加速度大小逐渐减小直到为零,则在此过程中( )。

A. 速度逐渐减小,当加速度减小到零时,速度达到最小值

B. 速度逐渐增大,当加速度减小到零时,速度达到最大值

C. 位移逐渐增大,当加速度减小到零时,位移不再增大

D. 位移逐渐减小,当加速度减小到零时,位移达到最大值

*(6)甲物体的质量是乙物体质量的 4 倍;甲从 $h$ 高处、乙从 $2h$ 高处同时自由下落,下列说法中正确的是( )。

A. 下落过程中甲的速度比乙大

B. 下落 1 s 后,甲与乙的速度相等

C. 乙落地时的速度大于甲落地时的速度

D. 下落 1 m 时甲与乙的速度相等

*(7)下列关于加速度的说法中,正确的是( )

A. 点火后即将升空的火箭因火箭还没运动,所以加速度一定为零

B. 高速公路上沿直线高速行驶的轿车紧急制动,速度变化快,加速度很大

C. 高速行驶的磁悬浮列车,因速度很大,所以加速度也一定很大

D. 太空中空间站在绕地球匀速转动,加速度为零

**4. 计算题**

(1)如图 2-2-2 所示,我国"长征二号"火箭点火升空后第 3 s 末的速度为 36 m/s,求火箭

升空时的加速度和 3 s 内火箭上升的高度。

图 2-2-2

*（2）如图 2-2-3 所示，落在房顶上的雨水，汇集于房檐，然后自由下落，已知用仪器测量出某水滴经过高 1.5 m 的窗户所用的时间是 0.3 s，求屋檐到窗顶的高度和水滴从房檐到窗顶所用的时间。（$g$ 取 10 m/s$^2$）

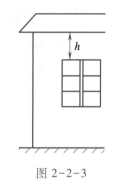

图 2-2-3

5. 实践题

战士、司机、飞行员、运动员都需要反应灵敏，当发现某种情况时，能及时采取相应行动，战胜对手，或避免危险。人从发现情况到采取相应行动经过的时间称为反应时间。下面向你介绍一种测定反应时间的方法：请一位同学用两根手指捏住木尺顶端（图 2-2-4），你将一只手放在木尺下端，做握住木尺的准备，但手的任何部位都不要碰到木尺。当看到那位同学放开手时，你立即去握住木尺。测出木尺降落的高度，根据自由落体运动的知识，尝试计算出你的反应时间。

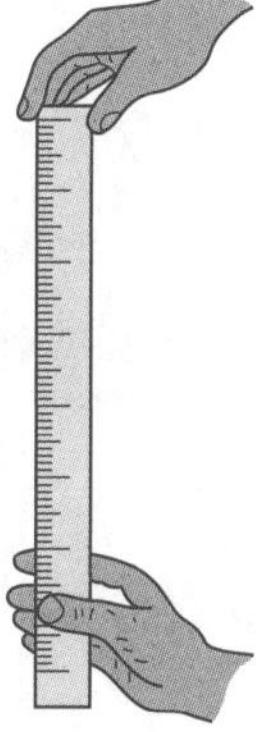

图 2-2-4

### 四、技术中国

#### "嫦娥五号"成功着陆月球

2020 年 11 月 24 日,"嫦娥五号"在海南文昌发射中心点火发射奔赴月球;经过多次轨道修正顺利进入环月轨道飞行。"嫦娥五号"的落月和近月制动一样,都只有一次机会,必须一次成功。在距离月球表面 15 km 处,"嫦娥五号"开始实施动力下降,由 7 500 N 变推力发动机为"嫦娥五号"提供的可变推力,逐步将探测器相对月球的纵向速度从约 1.7 km/s 降为零。着落后传回的影像图如图 2-2-5 所示。"嫦娥五号"采集到的月球样品,可以帮助科学家深化月球演化历史的研究,使人类更好地认识月球。

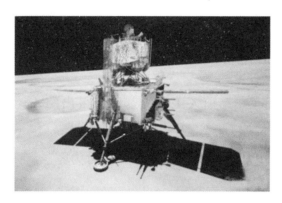

图 2-2-5

## 第三节　牛顿运动定律及其应用

### 一、重点难点解析

**（一）牛顿第一定律**

（1）意义。

① 定性揭示了力和运动的关系。力是改变物体运动状态的原因,而不是维持物体运动的原因。

② 揭示了一切物体都具有的一种固有属性——惯性。物体具有保持原来的静止状态或匀速直线运动状态的性质;物体惯性大小的量度是质量,与物体是否运动及速度的大小无关。

（2）理解。

① 牛顿第一定律是牛顿在总结前人工作的基础上得出的,是在理想实验的基础上进行逻辑推理得到的,描述的是一种理想状态,无法用实验直接验证。

② 成立条件:物体不受外力作用或所受外力的合力为零。

**（二）牛顿第二定律**

（1）公式。$a = \dfrac{F}{m}$　或　$F = ma$。

（2）理解。

① 公式中 $F$ 是指物体所受的合外力。

② 加速度只在物体受到合外力作用时才产生,如果某一时刻物体所受的合外力为零,则物体的加速度为零,这时物体就处于平衡状态。

③ 力与运动的关系,见表 2-3-1。

表 2-3-1

| 受力情况 | 加速度情况 | 运动状态 |
| --- | --- | --- |
| $F = 0$ | $a = 0$ | 静止或匀速直线运动 |
| $F$ 恒定 | $a$ 恒定 | 匀变速运动 |
| $F$ 随时间改变 | $a$ 随时间改变 | 非匀变速运动 |

**（三）牛顿第三定律**

（1）内容。

两个物体之间的作用力和反作用力,总是大小相等,方向相反,沿一条直线,分别作用在这两个物体上。

（2）理解。一对作用力和反作用力与一对平衡力的比较,见表2-3-2。

表 2-3-2

| 比较结果 | 一对作用力和反作用力 | 一对平衡力 |
|---|---|---|
| 不同点 | ① 分别作用在两个物体上,不可能使物体平衡;<br>② 一定是同种性质的力;<br>③ 总是成对出现,同时存在,同时消失,同时对等变化 | ① 作用在同一个物体上,使物体保持平衡;<br>② 可以是不同性质的力;<br>③ 当其中一个力发生变化或消失时,原有的平衡状态将被破坏,但不一定影响另一个力 |
| 相同点 | 大小相等、方向相反,作用在一条直线上 | |

### （四）牛顿运动定律的应用

（1）应用牛顿运动定律解题。

① 已知物体的运动情况,求物体的受力情况。这类题目可通过运动学公式求出加速度 $a$,再根据牛顿第二定律 $F=ma$ 求出合力或某一个力。

② 已知物体的受力情况,求物体的运动情况。这类题目应根据物体的受力情况,由牛顿第二定律 $F=ma$ 求出物体的加速度,然后根据运动学公式求得速度、位移或时间等物理量。求解这些题目的关键是求出加速度。加速度是解决运动学和动力学问题的桥梁。

（2）应用牛顿运动定律解题的一般步骤。

① 仔细审题,确定研究对象。

② 对研究对象进行受力分析,画出受力图。

③ 根据牛顿运动定律列出方程。

④ 统一单位,解方程。

⑤ 分析、讨论、检验结果是否正确。

## 二、应用实例分析

实例 1 如图 2-3-1 所示,有一个质量为 60 kg 的人站在电梯地板上,试计算在下列各种情况下,人对电梯地板的压力。

（1）电梯以 2.0 m/s 的速度匀速上升。

（2）电梯以 1.2 m/s² 的加速度匀加速上升。

（3）电梯以 −0.8 m/s² 的加速度匀减速上升。

分析:以人为研究对象,在上述三种情况下,人只受重力 $G$ 和支持力 $F$ 的作用,如图 2-3-2 所示。根据牛顿第二定律可求出电梯对人的支持力 $F$,再根据牛顿第三定律,求出人对电梯地板的压力 $F'=F$。

图 2-3-1

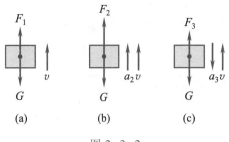

图 2-3-2

解:设速度方向为正方向。

（1）电梯匀速上升时,受力图如图 2-3-2(a)所示。

$$F_1 - G = 0$$

$$F_1 = G = mg = 60 \times 9.8 \, \text{N} = 588 \, \text{N}$$

根据牛顿第三定律,人对电梯地板的压力 $F_1' = F_1 = 588 \, \text{N}$。

（2）电梯匀加速上升时,受力图如图 2-3-2(b)所示。

$$F_2 - G = ma_2$$

$$F_2 = mg + ma_2 = m(g + a_2) = 60 \times (9.8 + 1.2) \, \text{N} = 660 \, \text{N}$$

根据牛顿第三定律,人对电梯地板的压力 $F_2' = F_2 = 660 \, \text{N}$。

（3）电梯匀减速上升时,受力图如图 2-3-2(c)所示。

$$F_3 - G = ma_3$$

$$F_3 = mg + ma_3 = m(g + a_3) = 60 \times (9.8 - 0.8) \, \text{N} = 540 \, \text{N}$$

根据牛顿第三定律,人对电梯地板的压力 $F_3' = F_3 = 540 \, \text{N}$。

**方法指导**:解这类题目时,依据题意先确定运动方向,再根据物体是加速运动还是减速运动来确定加速度的方向(在运动学里往往取初速度方向为正),然后列方程,解方程。

**实例 2** 一台起重机以 $0.2 \, \text{m/s}^2$ 的加速度匀加速向上吊起一箱货物,货物的质量为 800 kg,如图 2-3-3 所示,求货物对起重机钢丝绳的拉力。

**分析**:已知 $m$、$a$,利用牛顿第二定律列方程,再根据牛顿第三定律求货物对起重机钢丝绳的拉力。

**解**:根据题意,画货物受力图,如图 2-3-3 所示。

设向上为正方向,根据牛顿第二定律 $F - G = ma$,起重机钢丝绳对货物的拉力为

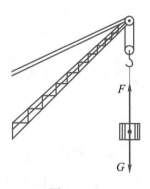

图 2-3-3

$$F = G + ma = mg + ma = m(g + a)$$

$$= 800 \times (9.8 + 0.2) \, \text{N} = 8 \times 10^3 \, \text{N}$$

根据牛顿第三定律,货物对钢丝绳的拉力大小是 $8 \times 10^3 \, \text{N}$,方向竖直向下。

**方法指导**:确定研究对象、进行受力分析、根据牛顿第二定律列方程,再根据牛顿第三定律确定所求力的大小。

三、素养提升训练

**1. 填空题**

（1）物体具有保持原来的_____状态或_____直线运动状态的性质称为惯性。_____是物体惯性大小的量度。

（2）一切物体总保持_____状态或_____直线运动状态,直到有_____迫使它改变这种状态为止,这就是牛顿第一定律,反映了物体在不受_____或所受的_____时的运动规律。_____是使物体产生加速度的原因。

（3）物体受到外力作用产生的加速度,不但跟_____有关,还跟物体本身的_____有关。研究加速度与外力和质量的关系利用_____法。

（4）物体在受到外力作用时,所获得的加速度 $a$,跟合外力 $F$ 成_____,跟物体的质量 $m$ 成_____;加速度的方向跟_____的方向相同。这个规律称为牛顿第二定律。

（5）两个物体之间的作用力和反作用力,总是大小_____,方向_____,沿_____直线,分别作用在这_____物体上,这就是牛顿第三定律。

（6）设物体所受到的合外力不变,且总与物体运动速度在一条直线上。当合外力与速度方向相同时,加速度方向与速度方向_____,物体做_____直线运动;当合外力方向与速度方向相反时,加速度方向与速度方向_____,物体做_____直线运动。

*（7）物体从高处落下时,所受的空气阻力为它所受重力的 $\frac{1}{4}$ 倍,则它下落的加速度大小为_____ m/s$^2$,方向是_____。

*（8）质量为 5.0 kg 的物体,在三个力的作用下,处于静止状态,当其中一个水平向左的 10 N 的力撤去后,其他力不变。物体将产生的加速度大小为_____ m/s$^2$,方向_____。

**2. 判断题**

（1）惯性是物体的固有属性,任何物体都有惯性。　　　　　　　　　　　（　　）

（2）有力作用在物体上,物体才运动,没有力作用,物体就保持静止。　　（　　）

（3）物体的运动需要力来维持。　　　　　　　　　　　　　　　　　　（　　）

（4）伽利略的理想实验是基于实验事实进行的假设推理,是不能实现的实验。（　　）

*（5）物体的加速度 $a$ 跟物体所受的合外力 $F$ 成正比。　　　　　　　（　　）

*（6）一对作用力和反作用力总是同时产生、同时消失、同时对等变化。　（　　）

**3. 单选题**

（1）关于物体的惯性,下列说法中正确的是（　　　）。

　　A. 速度大的物体不能很快地停下来,是因为速度越大,惯性也越大

　　B. 静止的火车起动时,速度变化慢,是因为静止的物体惯性大的缘故

　　C. 乒乓球可以快速抽杀,是因为乒乓球的惯性小

D. 在宇宙飞船中的物体不存在惯性

（2）关于力和运动的关系，下列说法中正确的是（　　）。

　　A. 力是维持物体运动的原因

　　B. 物体受力越大，运动得越快

　　C. 力是保持物体运动状态不发生变化的原因

　　D. 力是物体运动状态发生改变的原因

（3）下列关于惯性的说法中，正确的是（　　）。

　　A. 速度大的物体惯性大　　　　　　B. 加速度大的物体惯性大

　　C. 质量大的物体惯性大　　　　　　D. 受力的物体没有惯性

（4）下列关于作用力和反作用力的说法中，正确的是（　　）。

　　A. 合力等于零　　　　　　　　　　B. 可以是不同性质的力

　　C. 总是同时产生，同时消失　　　　D. 只有处于相对静止时大小才相等

（5）以下说法正确的是（　　）。

　　A. 静止或做匀速直线运动的物体一定不受外力的作用

　　B. 当物体的速度等于零时，物体一定处于静止状态

　　C. 当物体的运动状态发生变化时，物体所受合外力一定不为零

　　D. 物体的运动方向一定是物体所受外力的方向

*（6）如果一个小球以 2 m/s 的速度在水平面上滚动，它除了受重力和支持力以外，不受其他力作用，则小球在 5 s 末的速度是（　　）。

　　A. 0　　　　　　B. 小于 2 m/s　　　　C. 2 m/s　　　　D. 大于 2 m/s

*（7）一个恒力 $F$ 作用在质量为 $m_1$ 的物体上，产生的加速度为 $a_1$；这个力 $F$ 作用在质量为 $m_2$ 的物体上，产生的加速度为 $a_2$。若该力作用在质量为 $m_1+m_2$ 的物体上，产生的加速度为（　　）。

　　A. $a_1+a_2$　　　　B. $\dfrac{1}{2}(a_1+a_2)$　　　　C. $\dfrac{a_1+a_2}{a_1 a_2}$　　　　D. $\dfrac{a_1 a_2}{a_1+a_2}$

**4. 计算题**

（1）一个质量为 $m$ 的物体沿倾角为 30° 的光滑斜面匀加速下滑，求物体下滑的加速度。（$g$ 取 10 m/s$^2$）

（2）已知某列车的总质量为 $5.0×10^2$ t，若牵引力为 $6.0×10^5$ N，它所受的阻力是车重的 0.010 倍，列车开动后，第 5 s 末的速度是多少？（$g$ 取 10 m/s$^2$）

*（3）制动线是汽车制动后轮胎在地面上发生滑动的痕迹。通过制动线的长度可以计算出汽车制动前的速度大小，这是分析交通事故的一个重要依据。若汽车轮胎跟地面的动摩擦因数是 0.7，制动线的长度是 14 m，则汽车制动前的速度大约是多少？（$g$ 取 $9.8 \text{m/s}^2$）

**5. 实践题**

先让乒乓球在桌面上方一定高度（如 60 cm）处做自由落体运动，然后再将乒乓球放进装有半杯水的纸杯中，让它们一起从同一高度自由下落，比较两次操作中乒乓球上升的高度哪一次更高。做一做，验证你的猜想，并分析其原因，将你的分析与同学交流。

**6. 简答题**

查阅资料，简述在探索力和运动关系的历程中，亚里士多德、伽利略、笛卡尔、牛顿的观点分别是什么，从中你学到了什么？

## 四、技术中国

### "天问一号"成功着陆火星

2020 年 7 月 23 日，中国首次成功发射火星探测器"天问一号"，它总重约 $5×10^3$ kg，由环绕器和着陆巡视器组成。探测器在约 9 min 的时间内，将时速从约 $2×10^4$ km/h 降至 0，并实现软着陆，这一过程堪称"黑色九分钟"。在进入火星大气层以后，探测器首先借助火星大气，进行气动减速，在这个过程中，它克服了高温和姿态偏差。完成气动减速后，探测器的下降速度减小 90% 左右。紧接着探测器打开降落伞继续减速，当速度降至 100 m/s 时，探测器通过反推发动机再次进行减速（图 2-3-4），在距离火星表

图 2-3-4

面 100 m 时，探测器进入悬停阶段，在完成避障和缓速下降后，着陆巡视器在缓冲机构的保护下抵达火星表面。

## 第四节　动量　动量守恒定律

 **一、重点难点解析**

**（一）动量**

（1）物理意义。动量是描述物体运动状态的物理量。

（2）方向。动量是矢量,其方向和速度方向相同。

**（二）冲量**

（1）物理意义。冲量是描述力对时间的累积效应,其效果是改变物体的动量。

（2）方向。冲量是矢量,其方向与作用力的方向相同。

**（三）动量定理**

（1）公式。$Ft = mv_t - mv_0$。

（2）实际应用。当物体的动量变化一定时,力的作用时间越短,作用力越大;反之,作用时间越长,作用力越小。据此我们知道,在物体的动量变化一定时,如果需要减小物体受到的作用力,应设法延长相互作用的时间;同样,如果需要增大物体受到的作用力,则应设法缩短相互作用的时间。

（3）应用动量定理解题应注意的问题。

① 动量定理研究的对象是单个物体。

② 物理量的正负号:动量定理的数学表达式中,$F$、$v_t$、$v_0$ 三个物理量都是矢量,解题时,必须首先假设正方向,凡与正方向一致的物理量取正号,反之取负号,然后将其正负号一并代入公式计算。求出的未知量如果为正,表明其方向与所设正方向一致,反之与所设正方向相反。

③ 适用范围:不但适用于恒定的外力,也适用于随时间而变化的外力。

**（四）动量守恒定律**

（1）公式。$m_1 v_1 + m_2 v_2 = m_1 v_{10} + m_2 v_{20}$。

（2）守恒条件。

① 系统不受外力作用或所受的合外力为零。

② 当合外力不为零,但远远小于内力,且作用时间很短时（如碰撞、爆炸过程中所受的重力、阻力等）,可忽略外力的冲量,认为系统的动量守恒。

（3）理解。

① 系统性:研究对象是一个系统,不是单个物体。

② 矢量性:表达式是矢量式。选一个正方向,相互作用前后系统总动量大小相等、方向相同。

③ 相对性:相互作用前后选择的参考系应为同一参考系。

④ 同时性:相互作用前后的动量是指同一时刻的动量。

⑤ 普适性:不仅适用于低速、宏观物体,也适用于高速、微观粒子。

(4)应用动量守恒定律的解题思路。

① 研究的对象是系统(由两个或两个以上的物体所组成的系统)。

② 受力分析,确定系统的动量是否守恒。

③ 动量是矢量,应先规定正方向,凡与正方向一致的速度为正,反之为负。

④ 列出相互作用前后动量守恒的方程,再转化为代数运算。

# 二、应用实例分析

实例 1　打桩机是利用冲击力将桩打入地层的桩工机械。图 2-4-1(a)所示是落锤式打桩机实物图,桩锤由卷扬机用吊钩提升,释放后自由下落而打桩。图 2-4-1(b)所示是其示意图。质量为 40 kg 的桩锤,从高为 5 m 处自由下落到水泥桩上,把水泥桩打入土中,如果它们相互作用的时间是 0.005 s,求打击时桩锤对水泥桩的平均作用力。($g$ 取 10 m/s$^2$)

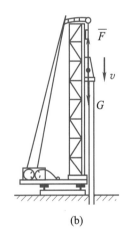

(a)　　　　　　　　　(b)

图 2-4-1

分析:本题是桩锤和水泥桩相互作用,如果以水泥桩为研究对象则不便求解,因此选择以桩锤为研究对象。桩锤做自由落体运动,将桩锤碰到水泥桩之前的速度设为 $v_0$,与水泥桩相互作用后的速度 $v_t=0$。因此桩锤所受合外力的冲量等于其动量的改变量。

解:如图 2-4-1(b)所示,设以桩锤打击水泥桩前的运动方向为正方向,桩锤的质量为 $m$。桩锤做自由落体运动,下落 5 m 时,其速度大小为

$$v_0 = \sqrt{2gh} = \sqrt{2\times10\times5} \text{ m/s} = 10 \text{ m/s}$$

根据动量定理

$$(G-\overline{F})t = mv_t - mv_0$$

$$\overline{F} = G + \frac{mv_0}{t} = \left(40\times10 + \frac{40\times10}{0.005}\right) \text{ N} = 80\,400 \text{ N}$$

根据牛顿第三定律,桩锤对水泥桩的平均作用力为 80 400 N,方向向下。

**方法指导**:应用动量定理时,首先要确定研究对象,对研究对象进行受力分析,如果物体同时受到几个力的作用,则式中 $F$ 是指几个力的合力;其次要明确相互作用前后的两个状态对应的动量,即初动量 $mv_0$ 和末动量 $mv_t$,并确定正方向。由于只研究在一条直线上的物体的运动情况,所以可用带正负号的量来表示冲量和动量,将公式变为代数运算。

**实例 2**　如图 2-4-2 所示,质量为 $m_1$、$m_2$ 的两个小球在光滑水平面上相向运动,已知 $m_1 = 200\ \text{g}$,$m_2 = 500\ \text{g}$,$v_{10}$ 和 $v_{20}$ 的大小分别为 1.5 m/s 和 0.6 m/s,两球相遇碰撞后 $m_2$ 恰好静止,若碰撞时间为 0.1 s。求:(1) 碰撞后第一个小球的速度为多少?(2) 第一个小球的动量改变了多少?(3) 第二个小球所受的冲力为多大? 方向如何?

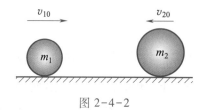

图 2-4-2

**分析**:两个小球在光滑的水平面上运动时,所受合外力为零,所以两球相互作用时总动量守恒。

**解**:(1) 以 $v_{10}$ 方向为正方向,根据动量守恒定律

$$m_1 v_{10} + m_2 v_{20} = m_1 v_1 + m_2 v_2$$

$$v_1 = \frac{m_1 v_{10} + m_2 v_{20} - m_2 v_2}{m_1} = \frac{0.2 \times 1.5 + 0.5 \times (-0.6) - 0.5 \times 0}{0.2}\ \text{m/s} = 0$$

(2) 第一个小球的动量改变为

$$m_1 v_1 - m_1 v_{10} = m_1(v_1 - v_{10}) = 0.2 \times (0 - 1.5)\ \text{kg} \cdot \text{m/s} = -0.3\ \text{kg} \cdot \text{m/s}$$

(3) 对于第二个小球,根据动量定理,有

$$F_2 t = m_2 v_2 - m_2 v_{20}$$

$$F_2 = \frac{-m_2 v_{20}}{t} = \frac{-0.5 \times (-0.6)}{0.1}\ \text{N} = 3.0\ \text{N}$$

即 $m_2$ 所受的冲力大小为 3.0 N,方向与 $v_{10}$ 方向相同。

**方法指导**:确定研究对象是两个或两个以上的物体系组成的系统,利用动量守恒的条件判断该系统的动量是否守恒,选定正方向,用正负号表示速度的方向,列出相互作用前后系统的总动量,代入后进行代数运算求解。

##  三、素养提升训练

**1. 填空题**

(1) 把物体的_____和_____的乘积_____,称为动量。这种定义物理量的方法

是_____定义法。动量是矢量,它的方向和_____方向相同。

（2）把_____和_____的乘积_____,称为力的冲量。冲量是矢量,如果力的方向不改变,则冲量的方向跟_____的方向相同。

（3）物体所受合外力的_____,等于它的动量的_____。这个结论称为动量定理。

（4）对于两个物体组成的系统,如果系统不受_____或所受的_____为零时,这个系统的_____就保持不变。这个结论称为动量守恒定律。

（5）一个质量为 2 kg 的物体,速度增加了 5 m/s,它的动量增加了_____kg·m/s,它受到的冲量大小是_____N·s。

（6）"嫦娥五号"探测器在飞行过程中,受各种因素影响,会产生轨道偏差,为确保探测器始终飞行在适当的轨道上,经过两次轨道修正继续飞向月球。2020 年 12 月 24 日 22 时 6 分,探测器上 3 000 N 的发动机工作约 2 s,顺利完成第一次轨道修正,则探测器获得的冲量大小为_____N·s,速度变化量为_____m/s。12 月 25 日 22 时 6 分,"嫦娥五号"探测器上 2 台 150 N 的发动机工作约 6 s,顺利完成第二次轨道修正,则探测器获得的冲量大小为_____N·s,速度变化量为_____m/s。（已知"嫦娥五号"探测器的质量为 $8.2 \times 10^3$ kg）

*（7）采煤工作中有一种方法是用高压水流将煤层击碎后将煤采下。今有一采煤水枪,其工作示意图如图 2-4-3 所示,由枪口射出的高压水流速度为 $v$,设水流垂直射向煤层的竖直表面,随即顺着煤壁竖直流下,煤层水流截面积为 $S$,水的密度为 $\rho$,在时间 $\Delta t$ 内撞击煤层的水的质量为_____,动量变为零,则水流对煤层的作用力 $F$ 为_____。

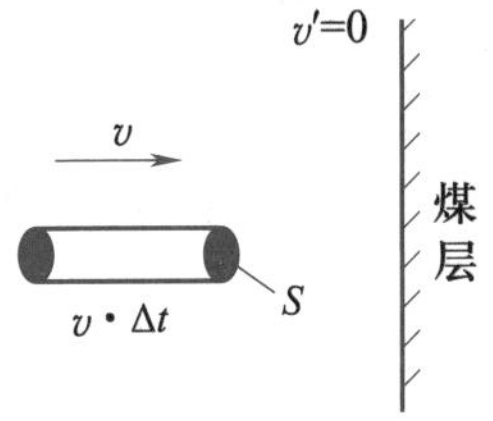

图 2-4-3

*（8）在滑冰场上,两个静止的滑冰运动员,互相推一下,如果一个运动员质量大,则他们获得的速度大小_____（填"相等"或"不相等"）,他们各自获得的动量大小_____（填"相等"或"不相等"）,方向_____（填"相同"或"相反"）。

**2. 判断题**

（1）物体受到很大的冲力时,其冲量一定很大。　　　　　　　　　　（　　）

（2）不管物体做什么运动,在相同时间内重力的冲量相同。　　　　（　　）

（3）碰撞或打击的瞬间,物体相互作用的时间越长作用力越小。　　（　　）

（4）一颗静止的炸弹爆炸后,四面八方飞去的弹片的总动量等于0。（　　）

*（5）若物体动量不变,则物体做匀速运动,作用在物体上的合力为0。（　　）

*（6）反击式水轮机是应用反冲原理而工作的。　　　　　　　　　（　　）

**3. 单选题**

（1）下列说法中,错误的是（　　　）。

A. 动量是描述物体运动状态的物理量

B. 冲量是物体动量变化的原因

C. 力的冲量方向一定与力的方向相同

D. 力对物体的冲量方向一定与物体的动量方向相同

（2）物体受到的冲量越大,那么(　　)。

    A. 它的动量一定大　　　　　　　　　B. 它的动量变化一定大

    C. 它受到力的作用时间一定长　　　　D. 它受到的作用力一定大

（3）人从高处跳到低处时,为了安全一般要让脚尖先着地是为了(　　)。

    A. 减小冲量

    B. 减小动量的变化量

    C. 延长与地面的冲击时间,从而减小冲力

    D. 增大人对地面的压强,起到保护作用

（4）从同一高度自由落下的玻璃杯,掉在水泥地上易碎,掉在软泥地上不易碎,这是因为掉在水泥地上(　　)。

    A. 玻璃杯的动量大

    B. 玻璃杯的动量变化大

    C. 玻璃杯受到的冲量大,与水泥地的作用时间短,受到水泥地的作用力大

    D. 和软泥地上冲量一样大,与水泥地的作用时间短,受到水泥地的作用力大

（5）下列不属于通过延长物体间的相互作用时间而减小碰撞时的作用力的方法和措施的是(　　)。

    A. 在包装箱中放入气泡垫、气泡膜等填充物,保护易碎物品

    B. 在建筑工地的脚手架上安装安全网

    C. 轮船靠岸时边缘挂着轮胎

    D. "天问一号"火星探测器用反推发动机动力减速

*（6）高空坠物极易对行人造成伤害。若一个 50 g 的鸡蛋从一栋居民楼的 25 层落下,与地面的碰撞时间约为 2 ms,则该鸡蛋对地面产生的冲击力约为(　　)。

    A. 10 N　　　　　　　　　　　　　　B. $10^2$ N

    C. $10^3$ N　　　　　　　　　　　　　D. $10^4$ N

*（7）"长征九号"大推力新型火箭发动机研制成功,标志着我国重型运载火箭的研发取得突破性进展。若某次实验中该发动机在 1 s 内向后喷射的气体质量约为 $1.6×10^3$ kg,喷射的气体产生的推力约为 $4.8×10^6$ N,则它的速度约为(　　)。

    A. $2×10^3$ m/s　　　　　　　　　　B. $3×10^3$ m/s

    C. $4×10^3$ m/s　　　　　　　　　　D. $6×10^3$ m/s

**4. 计算题**

（1）在光滑水平面上,一个质量为 1.0 kg 的小球 A,以 3.0 m/s 的速度与另一个质量为 0.5 kg 静止的小球 B 碰撞后一起运动,求碰撞后它们的速度。

（2）用质量为 5 kg 的铁锤把道钉打进铁道的枕木中，打击时铁锤的速度为 5 m/s，如果作用时间分别为 0.01 s 和 0.1 s，求两种情况下，铁锤打击道钉的平均作用力。通过比较两种情况，说明在什么条件下铁锤的重力可以忽略。

\*（3）为了行车安全，汽车司机在行车中必须系上安全带，否则汽车突然撞停时，司机将由于惯性以原来的速度撞上方向盘造成伤亡。设司机体重为 70 kg，车速为 108 km/h，车祸发生时汽车撞上障碍物突然停止，司机撞上方向盘的作用时间为 0.2 s，试估算方向盘对司机胸部产生的作用力。

**5. 实践题**

尝试将重物压在纸带上，用水平力分别采用缓慢和迅速两种方式拉动纸带，纸带都能被从重物下抽出。若缓慢拉动纸带，重物则会随纸带运动一段距离，这是为什么？

**6. 简答题**

如图 2-4-4 所示，高速公路上的避险车道通常为长 50~100 m 的斜坡，车道上铺着厚厚的一层碎石，当司机发现自己所驾驶的车辆制动失灵时，可以将车转向避险车道。利用动量定理分析避险车道铺放碎石的目的。

图 2-4-4

四、技术中国

### 我国第一台高能加速器——北京正负电子对撞机

北京正负电子对撞机是世界八大高能加速器之一。它外形像一只硕大的羽毛球拍,由长为 202 m 的直线加速器、输运线、周长为 240.4 m 的圆形加速器(也称储存环)、计算中心、围绕储存环的同步辐射实验装置,以及高为 6 m、质量为 $5.0×10^5$ kg 的北京谱仪(图 2-4-5)等几部分组成。正、负电子在其中的高真空管道内被加速到接近光速,并在指定的地点发生对撞,记录对撞产生的粒子特征。科学家通过对这些数据的处理和分析,可以进一步认识粒子的性质,从而揭示微观世界乃至宇宙的奥秘。

图 2-4-5

一、重点难点解析

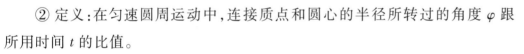

**（一）匀速圆周运动**

1. 描述匀速圆周运动的物理量

（1）线速度。

① 物理意义:描述质点沿圆周运动的快慢。

② 定义:做匀速圆周运动的质点通过的弧长 $s$ 和通过这段弧长所用时间 $t$ 的比值。

③ 大小: $v = \dfrac{s}{t} = \dfrac{2\pi R}{T} = 2\pi Rf$。

④ 方向:沿圆周上各点的切线方向,并指向质点前进的一侧,如图 2-5-1 所示。

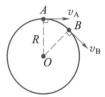

图 2-5-1

（2）角速度。

① 物理意义:描述质点转动快慢的物理量。

② 定义:在匀速圆周运动中,连接质点和圆心的半径所转过的角度 $\varphi$ 跟所用时间 $t$ 的比值。

③ 大小: $\omega = \dfrac{\varphi}{t} = \dfrac{2\pi}{T} = 2\pi f$。

④ 线速度和角速度的关系: $v = \omega R$。

（3）周期和频率。周期和频率的关系: $T = \dfrac{1}{f}$　或　$f = \dfrac{1}{T}$。

（4）转速。转速和频率的关系: $n = 60f(\text{r/min})$　或　$f = \dfrac{n}{60}(\text{Hz})$。

2. 机械中的传动现象

（1）传动带传动。 $v_1 = v_2$ , $\omega_1 R_1 = \omega_2 R_2$。

（2）齿轮传动。两齿轮边缘的线速度相同,通过改变两个齿轮的齿数比,来改变转动速度。

**（二）向心力、向心加速度**

（1）向心力。

① 大小: $F = m\dfrac{v^2}{R}$　或　$F = m\omega^2 R$。

② 方向:与线速度方向垂直、沿半径指向圆心。

（2）向心加速度。

① 大小：$a=\dfrac{v^2}{R}$　或　$a=\omega^2 R$。

② 方向：与向心力的方向相同。与线速度方向垂直、沿半径指向圆心。

（3）物体做匀速圆周运动的条件。物体所受合外力大小不变,方向始终与速度方向垂直且沿半径指向圆心。

（4）匀速圆周运动的性质。

① 向心力的方向与线速度的方向始终垂直,所以向心力不改变线速度的大小,只改变线速度的方向。

② 线速度大小、向心力大小、向心加速度大小都不变,但它们的方向却时刻在变化。因此,匀速圆周运动不是匀速运动,也不是匀变速运动,而是变（加）速运动。

③ 角速度、周期和频率不变。

（5）向心力的来源。重力、弹力、摩擦力或它们的合力、分力都可以提供向心力。

（6）匀速圆周运动和匀变速直线运动的区别。匀速圆周运动和匀变速直线运动除了运动的轨迹不同外,描述运动的有关物理量也不相同,其区别见表 2-5-1。

表 2-5-1

| 比较项目 | 匀变速直线运动 | 匀速圆周运动 |
|---|---|---|
| 条件 | 所受合外力的方向与速度方向相同或相反 | ① 有运动速度; <br> ② 物体所受合外力的方向始终跟速度方向垂直,并且大小不变 |
| 轨迹 | 直线 | 圆 |
| 速度 | 大小改变,方向不变（指单方向直线运动） | 大小不变,方向沿圆周上各点的切线方向 |
| 加速度 | 大小和方向均不改变 | 大小 $a=\dfrac{v^2}{R}$ 不变,方向始终沿半径指向圆心 |
| 运动性质 | 匀变速 | 变（加）速 |

### （三）求解匀速圆周运动问题的一般步骤

（1）选取研究对象,确定研究位置,分析研究对象的受力情况,画受力图。

（2）取指向圆心的方向为正方向,求物体所受外力的合力 $F$（即向心力）,$F$ 的方向应指向圆心。根据研究对象的运动状态,由已知量确定需要的向心力 $m\dfrac{v^2}{R}$（或 $m\omega^2 R$）。

（3）由匀速圆周运动的条件建立方程,即 $F=m\dfrac{v^2}{R}$（或 $m\omega^2 R$）。

（4）统一单位,解方程,求未知量。

## 📈 二、应用实例分析

实例 1　如图 2-5-2 为传动带传动装置,大轮直径为小轮直径的 2 倍,$A$ 点为大轮边缘上的一点,$B$ 点为小轮边缘上的一点,如果传动带在运动过程中不打滑,求 $A$、$B$ 两点的角速度和向心加速度之比各是多少?

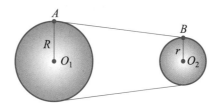

图 2-5-2

分析:由于传动带在传动过程中不打滑,所以两个轮的边缘上任意一点的线速度大小都是相等的,故 $v_A = v_B$。

解:因为 $v_A = v_B$,$R = 2r$,所以

$$\omega_A R = \omega_B r, \omega_A : \omega_B = r : R = 1 : 2$$

$$a_A : a_B = \frac{v_A^2}{R} : \frac{v_B^2}{r} = r : R = 1 : 2$$

方法指导:运用机械中的传动带传动特点 $v_1 = v_2$,$\omega_1 R_1 = \omega_2 R_2$ 求解。

实例 2　如图 2-5-3 所示,某机床上一飞轮半径为 40 cm,转速为 1 200 r/min,若飞轮边缘上有一颗质量为 150 g 的螺钉,则作用在螺钉上的向心力有多大?

图 2-5-3

解:飞轮的转动频率为

$$f = \frac{n}{60} = \frac{1\,200}{60} \text{ Hz} = 20 \text{ Hz}$$

飞轮的转动角速度为

$$\omega = 2\pi f = 2 \times 3.14 \times 20 \text{ rad/s} = 125.6 \text{ rad/s}$$

螺钉做匀速圆周运动所需的向心力为

$$F = m\omega^2 R = 0.15 \times 125.6^2 \times 0.4 \text{ N} \approx 946.5 \text{ N}$$

讨论:螺钉所受重力 $G = 0.15 \times 9.8$ N $= 1.47$ N。二者相比,螺钉所需的向心力为其重力的

643 倍。由此可见,高速转动物体的材料强度及各部件间相互结合的牢固程度十分重要。

方法指导:运用转动频率、转动角速度、向心力公式求解。

###  三、素养提升训练

**1. 填空题**

(1) 质点沿圆周运动时,如果在_____的时间里通过的_____都相等,这种运动就称为匀速圆周运动。匀速圆周运动是一种_____的过程模型。

(2) 手表钟面上有三个指针,秒针上各点的周期是_____ s;分针上各点的周期是_____ s;时针上各点的周期是_____ s。

(3) 飞机做匀速圆周运动,运动半径为 400 m,线速度大小为 80 m/s,则它的周期为____ s,角速度为_____ rad/s。

(4) 某电动机的转速 $n = 3\ 000$ r/min,则转动的角速度 $\omega =$ _____ rad/s,周期 $T =$ _____ s。

(5) 要使物体做圆周运动,必须始终给物体一个与线速度方向_____、沿半径指向_____的力,这个力称为向心力。

(6) 研究向心力跟物体质量、线速度和半径之间的关系时,用的是_____法。

*(7) 车间里砂轮机的转速为 3 000 r/min,一个半径为 10 cm 的砂轮对工件的磨削速度为_____ m/s。

*(8) 凸面桥的半径为 $R$。一辆质量为 $m$ 的汽车以速度 $v$ 经过桥顶时,汽车对桥顶的压力大小等于_____。

**2. 判断题**

(1) 做匀速圆周运动的物体运动得越快,线速度越大,周期越大。　　　　　　　　(　　)

(2) 做匀速圆周运动的物体转动得越快,角速度越大,周期越小。　　　　　　　　(　　)

(3) 向心力不改变线速度的大小,只改变线速度的方向。　　　　　　　　　　　　(　　)

(4) 在常见的传动带传动中,两个转轮边缘上的线速度相同。　　　　　　　　　　(　　)

*(5) 重力、弹力、摩擦力或其合力可提供向心力,其分力不能提供。　　　　　　　(　　)

*(6) 匀速圆周运动属于变速运动。　　　　　　　　　　　　　　　　　　　　　　(　　)

**3. 单选题**

(1) 在匀速圆周运动中,不变的量是(　　)。

　　A. 向心加速度　　　B. 向心力　　　　　　C. 线速度　　　　　　D. 角速度

(2) 在匀速圆周运动中,向心加速度是描述(　　)的物理量。

　　A. 物体所受向心力变化的快慢

　　B. 物体角速度变化的快慢

　　C. 物体线速度方向变化的快慢

D. 物体线速度大小变化的快慢

（3）如图 2-5-4 所示，$A$、$B$ 两点是在同轴的一个圆盘上匀速转动的两个点，下列说法中正确的是（　　）。

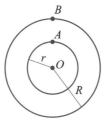

A. $A$、$B$ 两点转动的角速度不相等

B. $A$、$B$ 两点转动的周期不相等

C. $A$、$B$ 两点转动的频率（转速）不相等

D. $A$、$B$ 两点的线速度不相等

图 2-5-4

（4）如图 2-5-5 所示，用细绳系的一个小球，上端固定，让小球在水平面内做匀速圆周运动（圆锥摆运动），则小球受到的力是（　　）。

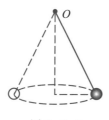

A. 重力、向心力

B. 重力、绳拉力、向心力

C. 重力、绳拉力

D. 绳拉力、向心力

图 2-5-5

（5）图 2-5-6 所示为一辆压路机的示意图，其大轮半径是小轮半径的 1.5 倍，$A$、$B$ 分别为大轮和小轮边缘上的点，在压路机前进时（　　）。

A. $A$、$B$ 两点的线速度之比为 $v_A : v_B = 2 : 3$

B. $A$、$B$ 两点的线速度之比为 $v_A : v_B = 3 : 2$

C. $A$、$B$ 两点的角速度之比为 $\omega_A : \omega_B = 3 : 2$

D. $A$、$B$ 两点的向心加速度之比为 $a_A : a_B = 2 : 3$

图 2-5-6

*（6）飞行员驾驶飞机在竖直平面内做圆环特技飞行，所需的向心力是（　　）。

A. 重力

B. 座椅对飞行员的支持力

C. 静摩擦力

D. 重力和座椅对飞行员的支持力的合力

*（7）质量为 $m$ 的汽车在半径为 25 m 的水平弧形公路上转弯，车胎与水平面的动摩擦因数是 0.4，则汽车转弯时不会打滑的最大速度是（$g$ 取 10 m/s$^2$）（　　）。

A. 2.5 m/s　　　　B. 5.0 m/s　　　　C. 8.0 m/s　　　　D. 10 m/s

### 4. 计算题

（1）如图 2-5-7 所示，两轮互相压紧，通过摩擦力传递转动（两轮之间无相对滑动）。如果大轮半径为 20 cm，小轮半径为 10 cm，求 $A$、$B$ 两点的线速度之比是多少？两轮的角速度之比是多少？两轮的转速之比是多少？

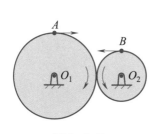

图 2-5-7

63

（2）在离心铸造装置中，电动机带动两个支承轮同向转动，放在这两个轮上的管状模型也因摩擦力而转动，如图2-5-8所示，铁水注入模型之后，由于离心作用，铁水紧紧靠在模型的内壁上，从而可得到密实的铸件。若浇铸时转速过低，铁水会脱离模型内壁，产生次品。已知管状模型内壁半径为 $R$，则管状模型转动的最低角速度为多少？提示：经过最高点的铁水要紧压模型内壁，否则铁水会脱离模型内壁，故重力恰好提供向心力。

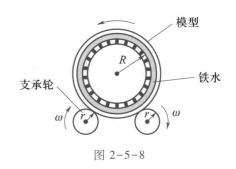

图 2-5-8

**5. 简答题**

如图2-5-9所示，航天员在"天宫一号"空间实验室中进行太空授课时，拿出一个陀螺，让其高速旋转起来，放手后显示出其转动具有很好的定轴性、稳定性。如果陀螺在某段时间内做匀速圆周运动，那么陀螺上各点的角速度大小、线速度大小相同吗？

图 2-5-9

# 第六节　学生实验：测量运动物体的速度和加速度

## 一、重点难点解析

**（一）测量物体经过两个光电门的瞬时速度**

滑块经过气垫导轨上的光电门时，气垫导轨上的挡光片将光遮住，数字计时器可自动记录遮光时间 $\Delta t$，测得挡光片的宽度为 $\Delta s$，用 $\dfrac{\Delta s}{\Delta t}$ 近似代表滑块通过两个光电门时的瞬时速度 $v = \dfrac{\Delta s}{\Delta t}$。

**（二）测量物体经过两个光电门之间的平均速度**

测量出滑块通过两个光电门的时间 $\Delta t$，测量出两个光电门之间的距离 $s$，计算出滑块通过该段距离的平均速度 $\overline{v} = \dfrac{s}{\Delta t}$。

**（三）测量物体经过两个光电门之间的加速度**

（1）测量原理和方法。如果测出滑块通过两个光电门的速度 $v_1$ 和 $v_2$ 及两个光电门之间的距离 $s$，则由运动学公式可以算出滑块实际运动的加速度为 $a_{实} = \dfrac{v_2^2 - v_1^2}{2s}$。

（2）相对误差为 $\dfrac{|a_{实} - a_{理}|}{a_{理}} \times 100\%$，其中 $a_{理}$ 为加速度的理论值，$a_{理} = g\dfrac{h}{d}$。

## 二、应用实例分析

**实例**　测量气垫导轨上滑块经过两个光电门的瞬时速度，经过光电门时，导轨上的挡光片遮光时间为 $\Delta t$，挡光片的宽度为 $\Delta s$。为使 $\dfrac{\Delta s}{\Delta t}$ 更接近挡光片的瞬时速度，正确的措施是（　　）。

  A. 换用宽度更窄的挡光片

  B. 提高测量挡光片宽度的精确度

  C. 使滑块的释放点更靠近光电门

  D. 增大气垫导轨与水平面的夹角

分析：瞬时速度表示运动物体在某一时刻（或经过某一位置）的速度，当 $\Delta t \to 0$ 时，$\dfrac{\Delta s}{\Delta t}$ 可看成物体的瞬时速度,$\Delta s$ 越小,$\Delta t$ 也就越小,A 正确;提高测量挡光片宽度的精确度,不能减小 $\Delta t$,故 B 错误;使滑块的释放点更靠近光电门,滑块通过光电门的速度更小,时间更长,故 C 错误;增大气垫导轨与水平面的夹角并不一定能使 $\dfrac{\Delta s}{\Delta t}$ 更接近瞬时速度,故 D 错误。

答案:选择 A。

### 三、素养提升训练

**1. 填空题**

(1)本实验使用的气垫导轨是一种阻力_____的力学实验装置,它是利用气泵产生压缩空气,使滑块在导轨上_____起来,极大地减少了以往力学实验中由于_____力而出现的误差。

(2)气垫导轨基本上都由_____、_____、_____、_____这几个部分组成。

*(3)实验中在忽略_____的情况下,滑块在气垫上将做_____直线运动。

*(4)如果测出滑块通过两个光电门的速度 $v_1$ 和 $v_2$ 及两个光电门之间的距离 $s$,则由运动学公式可以算出滑块运动的加速度 $a$ 为_____。

**2. 判断题**

(1)数字计时器只能记录一个光电门的光束被遮挡的时间。 (  )

(2)数字计时器能记录物体先后两次经过光电门之间的时间。 (  )

(3)滑块经过第二个光电门后要及时将其拦住,防止其撞击滑轮、跌落或弹回。 (  )

(4)未通气时,不允许将滑块放在气垫导轨上。 (  )

*(5)数字计时器能够测量出小到 1 ms 或 0.1 ms 的时间间隔。 (  )

*(6)实验完毕,应先关闭气源,再将滑块从导轨上取下。 (  )

**3. 计算题**

用气垫导轨和数字计时器能更精确地测量物体的瞬时速度。滑块在重力作用下先后通过两个光电门,配套的数字计时器记录了滑块上的遮光板通过第一个光电门的时间为 $\Delta t_1 = 0.29$ s,通过第二个光电门的时间为 $\Delta t_2 = 0.11$ s,已知遮光板的宽度为 3.0 cm,则滑块通过第一个、第二个光电门的速度大小分别为多少?(结果均保留两位有效数字)

# 自我评价反思

　　针对本主题"素养提升训练"的完成情况,同学们可从核心素养发展、学习行为表现、学习兴趣提升等方面寻找自己的收获与亮点,查找疑惑与不足,并填写表 2-7-1。

表 2-7-1

| 自我评价内容 | 收获与亮点 | 疑惑与不足 |
|---|---|---|
| 物理观念及应用 | | |
| 科学思维与创新 | | |
| 科学实践与技能 | | |
| 科学态度与责任 | | |

## 学业水平测试

（时间：90 min，总分：100 分）

一、填空题（每空 1 分，累计 25 分）

1. 一学生从寝室楼门向南走了 300 m 到教学楼门，又往回走了 100 m 到超市。从出发点算起，他通过的位移大小是_____ m，位移的方向_____，路程是_____ m。

2. 2019 年 6 月 17 日 22 时 55 分，四川宜宾市长宁县发生 6.0 级地震。地震预警系统提前 61 s 向成都预警。"22 时 55 分"是_____，"61 s"是_____。

3. 物体只在_____作用下，从_____开始下落的运动称为自由落体运动。

4. 一切物体总保持_____状态或_____直线运动状态，直到有_____迫使它改变这种状态为止，这就是牛顿第一定律。_____是物体惯性大小的量度，_____是使物体产生加速度的原因。

5. 两个物体之间的作用力和反作用力，总是大小_____，方向_____，沿_____，分别作用在这_____物体上，这就是牛顿第三定律。

6. 质点做匀速圆周运动，其向心力的方向与线速度的方向始终_____，所以向心力不改变线速度的_____，只改变线速度的_____。匀速圆周运动是_____运动。

7. 物体所受合外力的_____等于它的_____的改变量，这个结论称为动量定理。

*8. 超重是指物体对支持物的压力（或对悬绳的拉力）_____物体所受重力的现象；失重是指物体对支持物的压力（或对悬绳的拉力）_____物体所受重力的现象。（填"大于"或"小于"）

*9. 2012 年 11 月，"歼-15"舰载机在"辽宁号"航空母舰上着舰成功并成功钩住阻拦索后，其动力系统立即关闭，阻拦系统通过阻拦索对舰载机施加作用力（图 2-8-1），使舰载机在甲板上短距离滑行后停止。若 2.0 s 内，舰载机的速度均匀减小了 68 m/s，则其加速度为_____ m/s²。

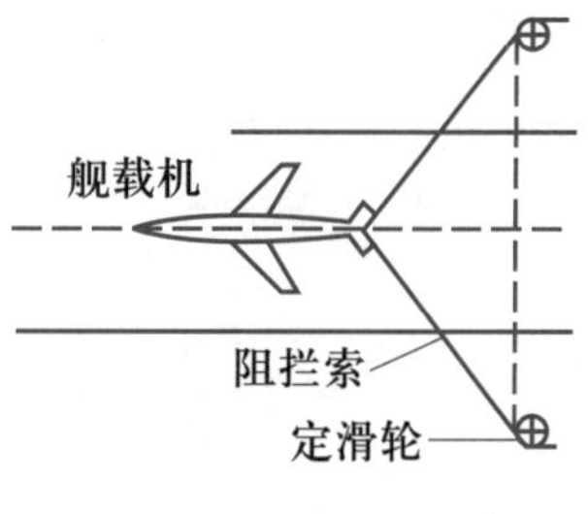

图 2-8-1

二、判断题（每题 3 分，累计 18 分）

1. 物体做匀速圆周运动时，线速度、角速度、周期、频率不发生变化。（　　）

2. 物体的速度越大，则物体所受的合外力越大。（　　）

3. 在同一地点，一切物体做自由落体运动的加速度都相同。（　　）

4. 宏观物体、宇宙天体、微观粒子相互作用都遵守动量守恒定律。（　　）

*5. 作用力和反作用力是同一性质的力，可求合力。（　　）

*6. 质量大，惯性大，运动状态不容易改变。（　　）

三、单选题(每题 5 分,累计 40 分)

1. 下列关于物体的速度与加速度关系的说法中,正确的是(　　)。

　　A. 速度越大,加速度就越大　　　　　　B. 速度变化量越大,加速度就越大

　　C. 速度变化越快,加速度就越大　　　　D. 速度为零时,加速度一定为零

2. 行驶中的汽车若发生剧烈碰撞,车速会在很短的时间内减小为零,在此过程中,车内的安全气囊会被弹出并瞬间充满气体,安全气囊的作用是(　　)。

　　A. 增加司机单位面积的受力大小

　　B. 减少碰撞前后司机动量的变化量

　　C. 将司机的动能全部转换成汽车的动能

　　D. 延长司机的受力时间并增大司机的受力面积

3. 下列关于质点做匀速圆周运动的说法中,错误的是(　　)。

　　A. 当 $\omega$ 一定时,由 $a = \omega^2 r$ 可知,$a$ 与 $r$ 成正比

　　B. 由 $a = \dfrac{v^2}{r}$ 可知,$a$ 与 $r$ 成反比

　　C. 当 $v$ 一定时,由 $a = \dfrac{v^2}{r}$ 可知,$a$ 与 $r$ 成反比

　　D. 由 $\omega = 2\pi n$ 可知,$\omega$ 与 $n$ 成正比

4. 静止在地球上的物体都会随地球一起自转,除地球的两极外,下列关于静止在地面上的物体的描述中,错误的是(　　)。

　　A. 运动的周期都是相同的　　　　　　B. 线速度大小都是相同的

　　C. 角速度都是相同的　　　　　　　　D. 随地球自转的向心加速度不都相同

5. 质量为 2.0 kg 的物体速度由 4.0 m/s 变为 6.0 m/s,它所受的冲量是(　　)。

　　A. 4 N·s　　　　　　　　　　　　　　B. 8 N·s

　　C. 12 N·s　　　　　　　　　　　　　 D. 20 N·s

6. 下列说法正确的是(　　)。

　　A. 笛卡尔认为必须有力的作用物体才能运动

　　B. 伽利略通过"理想实验"得到了"力不是维持物体运动的原因"的结论

　　C. 牛顿第一定律可以用实验直接验证

　　D. 牛顿第二定律表明物体所受合外力越大,物体的惯性越大

\*7. 物体在合外力 $F$ 的作用下产生加速度 $a$,下列说法中正确的是(　　)。

　　A. 只有在匀加速直线运动中,$a$ 与 $F$ 的方向相同

　　B. 只有在匀减速直线运动中,$a$ 与 $F$ 的方向相同

　　C. 在匀减速直线运动中,$a$ 与 $F$ 的方向相反

　　D. 无论何种运动,$a$ 与 $F$ 的方向都相同

\*8. 两个相向运动的小球碰撞后都变为静止状态,则碰撞前两小球的(　　)。

A. 质量一定相等      B. 速度大小一定相等

C. 动量大小一定相等      D. 无法确定

四、计算题(每题 5 分,累计 10 分)

1. 四旋翼无人机是一种能够垂直起降的小型遥控飞行器,目前正得到越来越广泛的应用。一架质量为 2 kg 的无人机,其动力系统所能提供的最大升力为 36 N,运动过程中所受空气阻力的大小恒为 4 N,无人机在地面上从静止开始,以最大升力竖直向上起飞,求在 $t=4$ s 时无人机离地面的高度 $h$。($g$ 取 10 m/s$^2$)

*2. 质量为 60 kg 的建筑工人,不慎从高空跌下,幸好有弹性安全带的保护,使他被悬挂起来。已知弹性安全带的缓冲时间是 1.5 s,安全带的自然长度为 5 m,求工人所受的平均冲力为多大?($g$ 取 10 m/s$^2$)

五、简答题(累计 7 分)

如图 2-8-2 所示,滑雪运动员经过一段平坦的雪道,分析人、雪板、地面间有几对作用力和反作用力,并指出哪两个力是运动员受到的一对平衡力。

图 2-8-2

# 主题三

# 功和能

**知识脉络思维导图**

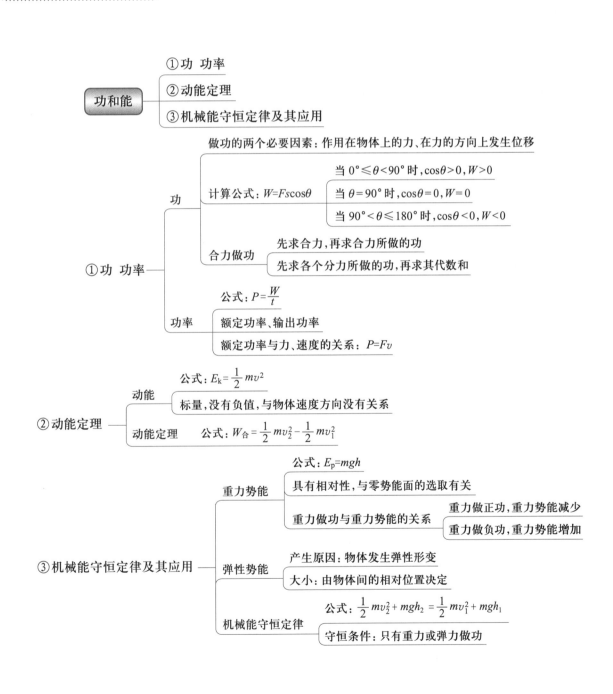

# 第一节 功 功率

## 一、重点难点解析

### （一）功

（1）做功的两个必要因素:有作用在物体上的力,且在力的方向上发生位移。

（2）功的计算。$W = Fs\cos\theta$。

（3）正功和负功。

① 当 $0° \leqslant \theta < 90°$ 时,力对物体做正功。

② 当 $\theta = 90°$ 时,力对物体不做功。

③ 当 $90° < \theta \leqslant 180°$ 时,力对物体做负功。

（4）求合力做功的两种方法。

① 先求出合力,然后求总功,表达式为 $W = Fs$。

② 合力的功等于各分力所做功的代数和,即 $W = W_F + W_f + W_G + \cdots$

### （二）功率

（1）物理意义。描述物体做功快慢的物理量。

（2）定义式。$P = \dfrac{W}{t}$,比值定义法。

（3）其他常用计算公式。$P = Fv$。

理解:$P$ 一定,$F$ 与 $v$ 成反比,$F$ 越小,$v$ 越大;$F$ 越大,$v$ 越小。

## 二、应用实例分析

**实例 1** 用起重机把重 $5.0 \times 10^3$ N 的货物匀速提高 $3.0$ m,则钢绳的拉力做了多少功？若起重机以 $0.2$ m/s$^2$ 的加速度将货物提高 $3.0$ m,则钢绳的拉力做的功又是多少？（$g$ 取 $10$ m/s$^2$）

**分析**:拉力和位移方向相同,拉力做的功可利用 $W = Fs$ 求得。货物做匀加速运动,根据牛顿第二定律 $F = ma$,先求得拉力,再利用 $W = Fs$ 求出拉力做的功。

**解**:货物的受力图,如图 3-1-1 所示。

货物做匀速运动时,钢绳的拉力为

$$F_1 = G = 5.0 \times 10^3 \text{ N}$$

$$W_F = F_1 s = 5.0 \times 10^3 \times 3.0 \text{ J} = 1.5 \times 10^4 \text{ J}$$

货物做匀加速运动时,根据 $F_2 - G = ma$ 可得

图 3-1-1

$$F_2 = G+ma = (5.0\times10^3+5.0\times10^2\times0.2)\,\text{N} = 5.1\times10^3\ \text{N}$$

$$W_F = F_2 s = 5.1\times10^3\times3.0\ \text{J} = 1.53\times10^4\ \text{J}$$

**方法指导:** 解题时,要注意先判断物体的运动状态,再根据 $W=Fs$ 求解。

**实例 2**　一台电动机的额定功率是 $10\ \text{kW}$,用这台电动机匀速提升 $1.5\times10^3\ \text{kg}$ 的货物,不计空气阻力,则电动机的提升速度是多大?

**分析:** 货物做匀速运动,表明货物受到的两个力是一对平衡力,即 $F=G$。已知 $P$、$F$,根据公式 $P=Fv$,求得 $v$。

**解:** $F=G=mg=1.5\times10^3\times9.8\ \text{N} = 1.47\times10^4\ \text{N}$

由 $P=Fv$ 得

$$v = \frac{P}{F} = \frac{1.0\times10^4}{1.47\times10^4}\ \text{m/s} \approx 0.68\ \text{m/s}$$

**方法指导:** 根据功率的推导公式 $P=Fv$ 求得 $v$。

# 三、素养提升训练

**1. 填空题**

(1) 做功包括两个必要的因素:作用在物体上的_____,在力的方向上发生的_____。

(2) 力对物体所做的功,等于_____、_____、力与位移夹角_____的乘积。$W=$_____。

(3) 功 $W$ 跟完成这些功所用时间 $t$ 的_____,称为功率,$P=$_____。这种定义方法是_____法。

(4) 由功率 $P=Fv$ 可知,若 $v$ 为瞬时速度,则 $P$ 为_____功率;若 $v$ 为平均速度,则 $P$ 为_____功率。

(5) 工程上常用强夯机夯实地基,若夯锤保持某高度随强夯机做匀速运动,则重力做_____功;若夯锤竖直上升,则重力做_____功;若夯锤自由下落,则重力做_____功。

*(6) 一台车床的切削速度为 $420\ \text{m/min}$,切削功率为 $3.5\times10^3\ \text{W}$,则车刀的切削力为_____N。

*(7) 汽车发动机的额定功率是 $6\times10^4\ \text{W}$,汽车行驶时受到的阻力为 $3\times10^3\ \text{N}$,则汽车行驶的最大速度是_____ m/s。

**2. 判断题**

(1) 实际功率可以大于、等于额定功率。　　　　　　　　　　　　　　　　　　(　　)

(2) 功有正、负之分,是矢量。　　　　　　　　　　　　　　　　　　　　　　(　　)

(3) 合力做的功等于各个力所做功的代数和。　　　　　　　　　　　　　　　　(　　)

(4) 若力与速度方向垂直,则功率 $P$ 仍等于 $Fv$。　　　　　　　　　　　　　(　　)

*(5) 汽车过弧形桥,支持力 $F_\text{N}$ 与位移垂直不做功。　　　　　　　　　　　(　　)

*(6) $-8\ \text{J}$ 的功比 $5\ \text{J}$ 的功少。　　　　　　　　　　　　　　　　　　　(　　)

**3. 单选题**

（1）关于功,下列说法中正确的是(　　)。

    A. 摩擦力总对物体做负功

    B. 力对物体不做功,说明物体一定无位移

    C. 功是标量,正、负表示外力对物体做功还是物体克服外力做功

    D. 力对物体做功少,说明物体的受力一定小

（2）关于功率下列说法中正确的是(　　)。

    A. 由 $P = \dfrac{W}{t}$ 可知,做功越多,功率越大

    B. 由 $P = \dfrac{W}{t}$ 可知,用时越短,功率越大

    C. 由 $P = Fv$ 可知,功率与速度成正比

    D. 由 $P = Fv$ 可知,$P$ 一定时,$F$ 与 $v$ 成反比

（3）将一个质量为 $m$ 的物体竖直向上抛出,不计空气阻力,物体上升的最大高度为 $h$,在物体被抛出到落回原地的整个过程中,重力对物体做的功是(　　)。

    A. 0　　　　　　B. $mgh$　　　　　　C. $2mgh$　　　　　　D. $-mgh$

（4）相同的水平推力 $F$ 分别作用于水平面上的甲、乙两个物体上,使它们沿 $F$ 的方向移动相同的距离。若它们的质量 $m_甲 = 2\,m_乙$,$F$ 对它们所做的功分别为 $W_甲$ 和 $W_乙$,则(　　)。

    A. $W_甲 = W_乙$　　　B. $W_甲 = 2W_乙$　　　C. $W_乙 = 2W_甲$　　　D. 不能确定

（5）司机在驾车上坡时,要减小车速,是为了(　　)。

    A. 得到较小的牵引力　　　　　　　　B. 得到较大的牵引力

    C. 得到较大的功率　　　　　　　　　D. 得到较小的功率

*（6）2021 年 7 月 31 日,中国运动员在东京奥运会举重男子 81 kg 级的决赛中勇夺金牌(图 3-1-2),他在一次挺举中把 204 kg 的杠铃举过头顶且动作规范保持身体稳定 3 s 以上,在 3 s 的时间内,其平均功率为(　　)。

    A. 2 000 W　　　　B. 200 W　　　　C. 100 W　　　　D. 0

图 3-1-2

**4. 计算题**

（1）起重机把一个质量为 50 kg 的重物从地面以 2 m/s² 的加速度匀加速升高 6 m，求起重机钢绳拉力做的功和重力做的功。（g 取 10 m/s²）

*（2）一台抽水机，每小时能把 180 t 水抽到 10 m 高的蓄水池中，抽水机每小时做的功是多少？它的输出功率是多少？（g 取 10 m/s²）

*5. 简答题

为什么汽车满载时比空载时的最大行驶速度小一些？沿盘山公路向上行驶的车辆通常要比其在水平路面上慢一些，这是为什么？（提示：用公式 $P = Fv$ 分析。）

## 四、技术中国

### 大国重器——中国首创最新一代空中造楼机

摩天造楼机（图 3-1-3）——智能顶升平台能让千米高空作业如履平地，创造出 4 天一层的建设速度，这个中国建筑"神器"，展现了中国超高层建筑的建设技术，其水平世界领先。高 636 m 的武汉绿地中心项目就是利用它建造的。

摩天造楼机装有像搓衣板一样的微凸支点，依靠微凸支点，大楼的墙体就变成了攀岩墙。造楼机驮着负重，一

图 3-1-3

层层向上攀爬，为实现我国在超高层建筑领域的中国高度、中国效率发挥了重要作用。造楼机是如何克服重力做功向上攀爬的呢？攀爬过程中的顶升力是怎么传递的呢？攀爬的功率又如何计算呢？请查阅资料，了解我国在智能建筑与工程机械领域取得的伟大成就，并尝试回答此类问题。

## 第二节 动能定理

### 一、重点难点解析

（一）动能

（1）公式。$E_k = \dfrac{1}{2}mv^2$。

（2）动能是标量，没有负值，与物体的速度方向无关。

（二）动能定理

（1）公式。$W = \dfrac{1}{2}mv^2 - \dfrac{1}{2}mv_0^2 = E_k - E_{k0}$。

（2）理解。合外力做功与动能变化之间的关系：① 若合外力方向与物体运动方向相同，合外力对物体做正功，$W>0$，则物体动能增加；② 若合外力方向与物体运动方向相反，合外力对物体做负功，$W<0$，则物体动能减小。

（3）适用范围。① 既适用于恒力做功，也适用于变力做功；② 既适用于直线运动，也适用于曲线运动；③ 既适用于同时做功，也适用于分段做功。

（4）应用动能定理的解题思路。

① 确定研究对象和运动过程。

② 运动分析，明确初、末动能。

③ 受力分析，明确各力做正功还是做负功。

④ 根据动能定理分阶段或全过程列方程，求解。

### 二、应用实例分析

实例1　小轿车在水平高速公路上做匀加速直线运动，经过 100 m 的距离后，速度由 10 m/s 增加到 30 m/s，已知小轿车的质量为 $1.5 \times 10^3$ kg，小轿车前进时所受的阻力为车重的 0.02 倍，求小轿车牵引力所做的功以及牵引力的大小。（$g$ 取 10 m/s²）

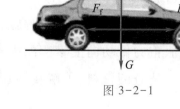

图 3-2-1

分析：小轿车在运动过程中共受 4 个力的作用，如图 3-2-1 所示。重力和支持力不做功（$W_G = W_N = 0$），牵引力做正功，阻力做负功。

解：由动能定理可得

$$W_{\text{F}} = Fs , \quad W_{\text{f}} = F_{\text{f}} s \cos 180° = -0.02mgs$$

$$Fs + F_{\text{f}} s \cos 180° = \frac{1}{2}mv^2 - \frac{1}{2}mv_0^2$$

整理可得

$$F = \frac{mv^2}{2s} - \frac{mv_0^2}{2s} + 0.02mg$$

即

$$F = \left( \frac{1.5 \times 10^3 \times 30^2}{2 \times 100} - \frac{1.5 \times 10^3 \times 10^2}{2 \times 100} + 0.02 \times 1.5 \times 10^3 \times 10 \right) \text{N} = 6.3 \times 10^3 \text{ N}$$

**方法指导:** 本题用牛顿第二定律和匀变速直线运动公式求解,会得到相同的结果,但用动能定理解题比较方便。用动能定理解题时不涉及物体运动的加速度和运动时间,尤其在解决变力问题和曲线运动问题时,用动能定理解题更简便。

**实例2**　随着中国首艘航母"辽宁号"的下水投运,同学们对舰载机的起降产生了浓厚的兴趣。假设质量为 $m$ 的舰载机关闭发动机后在水平甲板的跑道上降落,触地瞬间的速度为 $v$,在阻拦索阻力和地面摩擦阻力作用下滑行距离 $s$ 后停止,求舰载机滑行时受到的平均阻力 $F_{\text{f}}$ 的大小。

**分析:** 舰载机降落后在合外力(阻力)的作用下速度减小直至为0,符合动能定理的应用条件。

**解:** 依题意对舰载机应用动能定理,有

$$F_{\text{f}} s = \frac{1}{2}mv^2 - \frac{1}{2}mv_0^2$$

$$F_{\text{f}} = \frac{mv^2}{2s}$$

**方法指导:** 利用动能定理即可求得。注意此时阻力做负功。

## 三、素养提升训练

1. 填空题

(1) 物体由于运动而具有的能称为_____。物体的动能跟它的_____和_____有关。

(2) 物体的动能等于它的质量和速度二次方乘积的一半。$E_{\text{k}} = $_____。

(3) _____对物体所做的功,等于物体动能的_____,这就是动能定理。

(4) 物体动能的变化量是指_____动能减去_____动能。

*(5) 某运动员在一次自由式滑雪空中技巧比赛中,沿"助滑区"保持同一姿态下滑了一段距离,重力对他做功 1 800 J,他克服阻力做功 100 J,合力做的功是_____ J,动能增加_____ J,重力势能减小_____ J。

*(6) A、B 两物体的速度之比为 2∶3,质量之比为 1∶3,则 A、B 两物体的动能之比为_____。

**2. 判断题**

（1）动能与物体的速度方向、选取的参考系都无关。　　　　　　　　　　（　　）

（2）速度越大，动能越大；质量越大，动能越大。　　　　　　　　　　（　　）

（3）动能是标量，没有负值。　　　　　　　　　　　　　　　　　　　（　　）

（4）合外力对物体做正功，物体动能增加。　　　　　　　　　　　　　（　　）

*（5）合外力做功与外力做功的代数和相等。　　　　　　　　　　　　（　　）

*（6）做匀速圆周运动的物体受到的合外力做功为零，动能不变。　　（　　）

**3. 单选题**

（1）下列关于动能的说法中，正确的是（　　　）。

　　A. 物体的质量越大，速度越大，它的动能不一定越大

　　B. 物体速度变化，动能一定变化

　　C. 两物体质量相同，速度不同，动能可能相同

　　D. 物体动能不变说明物体一定做匀速直线运动

（2）两个互相垂直的力 $F_1$ 和 $F_2$ 作用在同一物体上，使物体运动一段位移，在此过程中 $F_1$ 对物体做功 40 J，物体克服 $F_2$ 做功 8 J，若再无其他力对物体做功，则物体的动能变化是（　　　）。

　　A. 增加 32 J　　　　B. 减少 32 J　　　　C. 增加 48 J　　　　D. 减少 48 J

（3）下列说法正确的是（　　　）。

　　A. 合外力为零，则合外力做功一定为零

　　B. 合外力做功为零，则合外力一定为零

　　C. 合外力做功越多，则动能一定越大

　　D. 动能不变，则物体所受合外力一定为零

（4）关于动能定理的适用范围，下列说法不正确的是（　　　）。

　　A. 适用于直线运动，也适用于曲线运动

　　B. 适用于恒力做功，也适用于变力做功

　　C. 力可以是各种性质的力，既可以同时作用，也可以不同时作用

　　D. 以上说法都不对

（5）关于做功和物体动能变化的关系，正确的是（　　　）。

　　A. 动力对物体做功，物体动能可能减少

　　B. 物体克服阻力做功，物体动能一定减少

　　C. 动力和阻力都对物体做功，物体动能一定变化

　　D. 外力对物体做功的代数和等于物体的末动能和初动能之差

*（6）某同学用绳子拉行李箱，从静止开始沿粗糙水平路面运动至某一速度，则在此过程中，箱子获得的动能一定（　　　）。

　　A. 小于拉力所做的功　　　　　　　　B. 等于拉力所做的功

　　C. 等于克服摩擦力所做的功　　　　　D. 大于克服摩擦力所做的功

*(7) 汽车在牵引力和阻力的共同作用下开始加速,下列说法错误的是(　　　)。

　　A. 动能越来越大

　　B. 牵引力和阻力的合力做正功

　　C. 动能增加等于牵引力做的功

　　D. 牵引力做功和阻力做功的代数和为正值

**4. 计算题**

(1) 质量为 2 kg 的物体以 2 m/s² 的加速度由静止开始运动,求:① 3 s 末物体的动量和动能的大小;② 3 s 内合外力对物体所做的功。

*(2) 一辆汽车以 6 m/s 的速度沿水平路面行驶时,紧急制动后能滑行 3.2 m,如果以 12 m/s 的速度行驶,在同样的路面上汽车紧急制动后滑行的距离应为多少?

***5. 简答题**

汽车的制动性能,是衡量汽车性能的重要指标。在一次汽车制动性能的测试中,司机踩下刹车,使汽车在阻力作用下逐渐停止运动。下表中记录的是汽车在不同速度行驶时,制动后所经过的距离。

请根据表中的数据,分析以下问题:

(1) 为什么汽车的速率越大,制动的距离也越大?

(2) 让汽车载上 3 名乘客,再做同样的测试,结果发现制动距离加长了。试分析原因。

(3) 设汽车在以 60 km/h 的速率匀速行驶时(没有乘客)制动,请在表 3-2-1 中填上制动距离的近似值。试说明你分析的依据和过程。

表 3-2-1

| 汽车速率 $v$/(km/h) | 制动距离 $s$/m |
| --- | --- |
| 10 | 1 |
| 20 | 4 |
| 40 | 16 |
| 60 | ——— |

## 第三节　机械能守恒定律及其应用

### 一、重点难点解析

**（一）重力势能**

（1）公式。$E_P = mgh$。

（2）重力势能具有相对性。要确定物体在某位置的重力势能,应首先选定零势能面,高于零势能面的物体,重力势能为正;低于零势能面的物体,重力势能为负。

（3）重力做功与重力势能的关系。

① 当物体下降时,重力做正功,重力势能减少,重力所做的功等于物体减少的重力势能。

② 当物体上升时,重力对物体做负功,重力势能增加,克服重力所做的功等于物体增加的重力势能。

**（二）弹性势能**

弹性势能的大小是由物体间的相对位置决定的。

**（三）机械能守恒定律**

（1）公式。$\dfrac{1}{2}mv^2 + mgh = \dfrac{1}{2}mv_0^2 + mgh_0$。

（2）成立条件。不论物体受恒力还是变力作用,不论物体做直线还是曲线运动,在动能和重力势能的转化过程中,如果只有重力做功,机械能始终守恒。

（3）应用机械能守恒定律的一般步骤。

① 确定研究对象。

② 进行受力分析,明确各力的做功情况,判断机械能是否守恒。

③ 选取零势能面,确定初、末状态的机械能。

④ 根据机械能守恒定律列方程、求解。

### 二、应用实例分析

实例　如图 3-3-1 所示,一个物体从距地面 39.2 m 的高度自由落下,物体质量为 2.0 kg,经过几秒后该物体的动能和重力势能相等? 此时物体的速度是多大?

分析:因为物体做自由落体运动,所以机械能守恒。物体原来距地面 $h_0 = 39.2$ m,设物体下落 $t$ 秒后,物体的速度为 $v$,距地面的高度为 $h$,此时动能和重力势能相等,即 $\dfrac{1}{2}mv^2 = mgh$。

解:取地面为零势能面。根据机械能守恒定律,有

$$mgh_0 = \frac{1}{2}mv^2 + mgh = 2 \times \frac{1}{2}mv^2 = mv^2$$

$$v = \sqrt{gh_0} = \sqrt{9.8 \times 39.2} \text{ m/s} = 19.6 \text{ m/s}$$

由自由落体运动公式 $v = gt$ 得

$$t = \frac{v}{g} = \frac{19.6}{9.8} \text{ s} = 2 \text{ s}$$

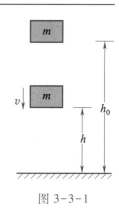

图 3-3-1

方法指导:本题应利用机械能守恒定律和自由落体运动规律求解。

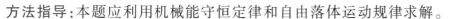

## 三、素养提升训练

**1. 填空题**

(1) 打桩机将重锤提到高处后自由落下,将桩打入土中。物体由于被举高而具有的能量称为_____势能。物体由于发生弹性形变而具有的能量称为_____势能。

(2) 在离地面高 $h$ 处的重力势能等于物体所受的_____和它的_____的乘积,即 $E_P =$ _____。

(3) 当物体下降时,重力做_____功,重力势能_____,重力所做的功_____减少的重力势能;当物体上升时,重力对物体做_____功,重力势能_____,物体克服重力所做的功_____物体增加的重力势能。

(4) 在只有重力做功的条件下,物体的_____能和_____势能是可以相互转化的,但两者的总和保持_____。这个规律称为机械能守恒定律。

*(5) 质量为 $1.0$ kg 的物体,自距地面 30 m 的高度处自由下落 1 s,则此时的重力势能为_____J,动能为_____J。(取地面为零势能面,$g$ 取 $10$ m/s$^2$)

*(6) 质量为 6 kg 的铅球放在 0.9 m 高的桌面上,若以地面为参考平面,它具有的重力势能是_____J;若以桌面为参考平面,它具有的重力势能是_____J。($g$ 取 $10$ m/s$^2$)

**2. 判断题**

(1) 机械能守恒的条件是合外力做功等于零。　　　　　　　　　　　　　　　(　　)

(2) 机械能守恒的条件是合外力为零。　　　　　　　　　　　　　　　　　　(　　)

(3) 重力势能属于物体和地球所共有。　　　　　　　　　　　　　　　　　　(　　)

(4) 重力势能具有相对性,可以为负值。　　　　　　　　　　　　　　　　　(　　)

*(5) 动能和势能统称机械能。　　　　　　　　　　　　　　　　　　　　　　(　　)

*(6) 不论物体受恒力还是变力,只要重力做功,机械能就守恒。　　　　　　　(　　)

**3. 单选题**

(1) 将一个重 $5.0$ N 的物体匀速提高了 $1.0$ m,在这个过程中(　　)。

　　A. 重力做的功为 $5.0$ J　　　　　　　　B. 重力势能减小了 $5.0$ J

C. 合力做的功为 5.0 J       D. 重力势能增加了 5.0 J

  （2）在汽车匀减速驶上斜坡的过程中,以下说法正确的是(  )。

    A. 重力势能增加,动能增加      B. 重力势能增加,动能减少

    C. 重力势能减少,动能增加      D. 重力势能减少,动能减少

  （3）自由下落的小球,从接触竖直放置的轻弹簧开始,到压缩弹簧至最大形变的过程中,以下说法正确的是(  )。

    A. 小球的动能逐渐减少       B. 小球的重力势能逐渐减少

    C. 小球的机械能守恒        D. 小球的加速度逐渐增大

  （4）一辆汽车关闭发动机后沿粗糙斜坡向下加速运动的过程中,关于其能量的变化情况,下列说法正确的是(  )。

    A. 动能不变,机械能减小      B. 动能增加,机械能减小

    C. 动能增加,机械能增加      D. 动能增加,机械能不变

  （5）下列关于机械能守恒的说法正确的是(  )。

    A. 做匀速直线运动的物体,其机械能一定守恒

    B. 做自由落体运动的物体,其机械能一定守恒

    C. 做变速直线运动的物体,其机械能一定守恒

    D. 物体匀速下落时,其机械能一定守恒

  *（6）两个质量不同的小球 A 和 B,分别从高度相同的光滑斜面和圆弧斜面的顶端由静止开始滑向底端,如图 3-3-2 所示。下列说法正确的是(  )。

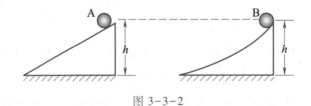

图 3-3-2

    A. 下滑过程中重力做功相等     B. 它们在顶端时的机械能相等

    C. 它们到达底端时的速度大小相同   D. 它们到达底端时的动能相等

  *4. 计算题

  （1）以 10 m/s 的速度竖直向上抛出一个小球,小球能上升的最大高度是多少? 当小球上升到什么高度时,它的动能和势能相等?（$g$ 取 10 m/s$^2$）

（2）质量为 10 kg 的小球从距地面 20 m 的高度处自由落下,当小球的速度恰好等于落地速度的一半时,它距地面的高度是多少? 此时小球的重力势能和动能各是多少?（$g$ 取 $10\text{m/s}^2$）

*5. 简答题

重力储能是指利用废弃钻井平台或矿井,在 150～1 500 m 长的钻井中重复吊起与放下重约 500～5 000 t 的钻机,通过电动绞盘,先将钻机拉到废弃矿井上方,需要用电时再让钻机竖直落下,进而"释放"存储起来的电力的一种技术,具有稳定与调度电网的功能。有的还利用陡峭山坡的地势,在用电量低时用发电机将砂石运到位于山顶的存放地,在用电量高时再让砂石落回地面而发电。试分析重力储能的原理。

## 四、技术中国

### 国内首座 700 m 级水位高差抽水蓄能电站投产发电

蓄能电站本身不能向电力系统供应电能,它是将系统中其他电站的低谷电能和多余电能,通过抽水将水流的机械能变为势能,存蓄于上水库中,待到电网需要时放水发电。2021 年 6 月,国内第一座 700 m 级水位高差的抽水蓄能电站——吉林敦化抽水蓄能电站 1 号机组正式投产发电,总装机容量 140 万千瓦,年设计发电量超过 23 亿千瓦时。该电站机组完全由我国自主研发、设计和制造,在国内首次实现了 700 m 级超高水头、高转速、大容量抽水蓄能机组,机组额定水头 655 m,最高扬程达 712 m,是黄果树瀑布落差的 10 倍,是目前我国建成的具有最高落差的抽水蓄能电站。抽水蓄能电站就是分别在山上、山下建设两个水库,在用电低谷时用富余的电把山下的水抽到山上储存起来,在用电高峰时放水发电,相当于一个大的清洁能源蓄电池。

发电站的引水斜井单井超过 400 m,为国内最长并首次在超长斜井开挖中应用反井钻结合定向钻技术,避免了传统施工风险。在首台机组调试和试运行的过程中,各项技术指标表现优异,达到了国内领先、世界一流水平。

# 自我评价反思

针对本主题"素养提升训练"的完成情况,同学们可从核心素养发展、学习行为表现、学习兴趣提升等方面寻找自己的收获与亮点,查找疑惑与不足,并填写表3-4-1。

表 3-4-1

| 自我评价内容 | 收获与亮点 | 疑惑与不足 |
|---|---|---|
| 物理观念及应用 | | |
| 科学思维与创新 | | |
| 科学实践与技能 | | |
| 科学态度与责任 | | |

学业水平测试

（时间：45 min，总分：100 分）

**一、填空题（每空 1 分，累计 20 分）**

1. 雪崩爆发时，雪具有_____能，与_____、_____有关。这些能量是以_____力做功的形式释放出来的。

2. 合外力做功与动能变化的关系：若合外力方向与物体运动方向相同，合外力对物体做_____，则物体动能_____；若合外力方向与物体运动方向相反，合外力对物体做_____，则物体动能_____。

3. 物体由于运动而具有的能量称为_____能。_____力对物体所做的功，等于物体动能的_____，这就是动能定理。

4. 质量为 5 kg 的物体，受到两个互相垂直的恒力作用。在某一过程中这两个力分别对物体做功为 6 J 和 8 J，则这两个力的合力对物体做功为_____J。

5. 一个人把质量为 $m$ 的重物从静止开始举高 $h$，并使它获得速度 $v$，则此人对重物做功为_____，重力做功为_____，合外力做功为_____。

6. 汽车在平直的公路上从静止开始启动，它受到的阻力 $F_f$ 大小不变，若发动机的功率 $P$ 保持恒定，汽车从静止开始加速行驶的路程为 $s$ 时达到最大速度，若汽车所受牵引力用 $F$ 表示，根据 $P=Fv$ 可知，$P$ 保持恒定，$v$ 增大，则牵引力_____，汽车的最大速度为_____，该过程中汽车受到的阻力做功为_____。

*7. 水平地面上的物块，在水平恒力 $F$ 的作用下由静止开始运动一段距离 $s$，物块所受摩擦力的大小为 $F_f$，则物块在该过程中的动能变化为_____。

*8. 某汽车发动机的额定功率是 80 kW，若它以最大速度行驶时所受的阻力是 $4\times10^3$ N，那么汽车允许的最大速度是_____ m/s。

**二、判断题（每题 3 分，累计 18 分）**

1. 合力做功是物体动能变化的原因。 （    ）

2. 物体质量不变，动能改变时，速度必改变；速度改变时，动能不一定改变。 （    ）

3. 动能不变的物体，一定处于平衡状态。 （    ）

4. 动能定理适用于变力做功和曲线运动。 （    ）

*5. 物体做直线或曲线运动的过程中，若只有重力做功，机械能始终守恒。 （    ）

*6. 势能是由物体间的相互作用力引起的，大小由物体间的相对位置决定。 （    ）

**三、单选题（每题 6 分，累计 42 分）**

1. 一个力做正功还是负功，取决于（    ）。

85

A. 力的方向　　　　　　　　　　　B. 位移的方向

C. 力和位移方向间的夹角　　　　　D. 力的性质

2. 下列说法中正确的是(　　)。

A. 无论 $F$ 与 $v$ 有无夹角,瞬时功率都为 $P=Fv$

B. 作用在同一物体上的一对平衡力做功的数值一定相等且一正一负

C. 随汽车一起做加速运动的货物受到的静摩擦力做正功

D. 匀速运动的汽车对路面的压力和路面对汽车的支持力做功相等且一正一负

3. 运动员跳伞经历加速下降和减速下降两个过程,若将人和伞看成一个系统,下列说法正确的是(　　)。

A. 减速下降的过程中系统所受合力始终向上

B. 加速下降的过程中任意相等的时间内重力做功都相等

C. 重力做功使系统重力势能增加

D. 阻力始终做负功,重力始终做正功,合外力做功始终为正

4. 蹦床运动员从最低点开始反弹至即将与蹦床分离的过程中,蹦床的弹性势能和运动员的重力势能的变化情况分别是(　　)。

A. 弹性势能减小,重力势能增大　　　B. 弹性势能减小,重力势能减小

C. 弹性势能增大,重力势能增大　　　D. 弹性势能增大,重力势能减小

5. 下列关于机械能守恒的叙述中,正确的是(　　)。

A. 做匀速圆周运动的物体,机械能一定守恒

B. 物体所受的合力不等于零,机械能可能守恒

C. 物体做匀速直线运动,机械能一定守恒

D. 物体所受合力做功为零,机械能一定守恒

*6. 在下列运动过程中,机械能守恒的是(　　)。

A. 物体沿水平面加速运动的过程　　　B. 起重机吊起物体匀速上升的过程

C. 汽车下坡时减速运动的过程　　　　D. 物体做自由落体运动的过程

*7. 如图 3-5-1 所示,传动带把物体 P 匀速带至高处,在此过程中,下列说法正确的是(　　)。

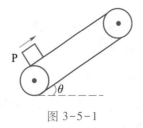

图 3-5-1

A. 摩擦力对物体做正功　　　　　　B. 摩擦力对物体做负功

C. 支持力对物体做正功　　　　　　D. 合外力对物体做正功

四、计算题(每题 10 分,累计 20 分)

1. 2021 年 8 月 1 日,在东京奥运会女子铅球决赛中,中国选手以 20.58 m 的成绩获得冠军。若她将铅球斜向上抛出时,球的初始高度约为 1.9 m,投出铅球的初速度为 13.4 m/s,不计空气阻力,求铅球落地时的速度。($g$ 取 $10 \ \text{m/s}^2$)

*2. 2017 年 4 月 16 日,我国自主设计、研制的 C919 大型客机在上海浦东机场进行了首次高速滑行测试。在某次测试中,C919(图 3-5-2)在平直跑道上由静止开始匀加速滑行 600 m 时,达到最大速度 60 m/s,之后匀速滑行一段时间,再匀减速滑行直至静止,滑行的总距离为 3 200 m。若 C919 最大起飞质量为 $8.0 \times 10^4$ kg,在此过程中飞机受到的阻力恒为自身重力的 0.1 倍,求飞机匀加速过程中发动机产生的推力及其最大功率。($g$ 取 $10 \ \text{m/s}^2$)

图 3-5-2

# 机械振动和机械波

知识脉络思维导图

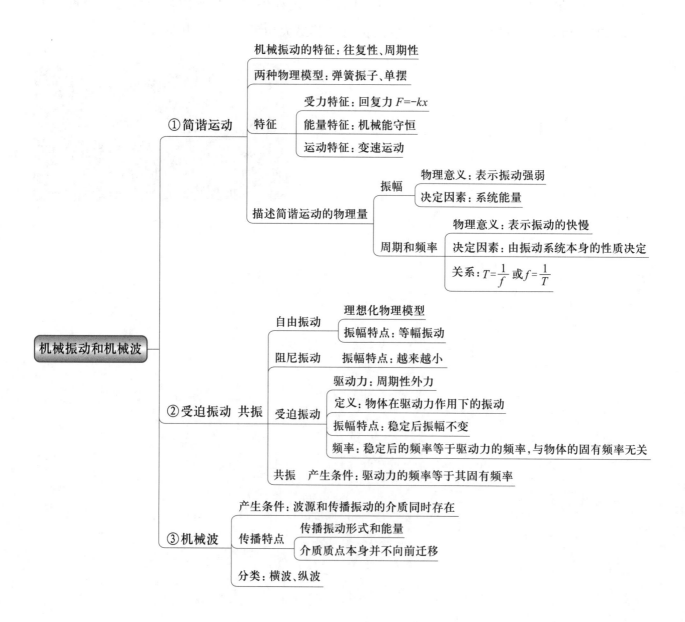

机械振动和机械波

① 简谐运动
- 机械振动的特征：往复性、周期性
- 两种物理模型：弹簧振子、单摆
- 特征
  - 受力特征：回复力 $F=-kx$
  - 能量特征：机械能守恒
  - 运动特征：变速运动
- 描述简谐运动的物理量
  - 振幅
    - 物理意义：表示振动强弱
    - 决定因素：系统能量
  - 周期和频率
    - 物理意义：表示振动的快慢
    - 决定因素：由振动系统本身的性质决定
    - 关系：$T=\dfrac{1}{f}$ 或 $f=\dfrac{1}{T}$

② 受迫振动 共振
- 自由振动
  - 理想化物理模型
  - 振幅特点：等幅振动
- 阻尼振动 振幅特点：越来越小
- 受迫振动
  - 驱动力：周期性外力
  - 定义：物体在驱动力作用下的振动
  - 振幅特点：稳定后振幅不变
  - 频率：稳定后的频率等于驱动力的频率，与物体的固有频率无关
- 共振 产生条件：驱动力的频率等于其固有频率

③ 机械波
- 产生条件：波源和传播振动的介质同时存在
- 传播特点
  - 传播振动形式和能量
  - 介质质点本身并不向前迁移
- 分类：横波、纵波

# 第一节　简谐运动

## 一、重点难点解析

### （一）机械振动

机械振动是指物体或质点在其平衡位置附近所做的有规律的往复运动。其运动特点是具有往复性和周期性。

### （二）简谐运动

（1）简谐运动是理想化物理模型。弹簧振子和单摆的振动都可以看作简谐运动。

（2）简谐运动的三个特征。

① 受力特征：$F = -kx$，其中 $k$ 是由振动装置本身决定的常数。

② 能量特征：机械能守恒。

③ 运动特征：变速运动。

（3）物体做简谐运动的条件。物体受到大小与位移成正比，方向总是指向平衡位置的回复力作用。

（4）描述简谐运动的物理量见表 4-1-1。

表 4-1-1

| 物理量 | 定义 | 物理意义 | 大小 |
|---|---|---|---|
| 振幅 | 振动物体离开平衡位置的最大距离 | 表示振动强弱 | 由振动系统本身的能量决定，与周期或频率无关 |
| 周期 | 振动物体完成一次全振动所需的时间 | 表示振动快慢 | ① 由振动系统本身的性质决定，与振幅无关；<br>② 频率 $f$ 和周期 $T$ 之间的关系：$T = \dfrac{1}{f}$ 或 |
| 频率 | 振动物体在单位时间内完成全振动的次数 | 表示振动快慢 | $f = \dfrac{1}{T}$ |

（5）简谐运动的图像。简谐运动的位移-时间图像（$x$-$t$ 图像）是一条正弦曲线或余弦曲线。

（6）简谐运动的能量。

① 简谐运动中动能和势能相互转换，总的机械能保持守恒。

② 在最大位移处，势能最大，动能为零。

③ 在平衡位置处，动能最大，势能最小。

④ 振动系统的机械能跟振幅有关：振幅越大，机械能就越大，振动越强。

## 📊 二、应用实例分析

实例 1 将单摆的摆球偏离很小(小于 5°)的角度放手后,单摆开始做简谐运动,摆球偏离平衡位置 $O$ 的最大位移为 5 cm(图 4-1-1),如果单摆在 5 s 内完成 10 次全振动,单摆做简谐运动的振幅、周期和频率各是多少?

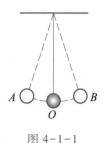

图 4-1-1

分析:振幅是振动物体离开平衡位置的最大距离。物体完成一次全振动所需的时间为 1 个周期,根据频率 $f$ 和周期 $T$ 之间的关系 $f=\dfrac{1}{T}$ 可求出频率。

解:由题可知,简谐运动的振幅为 5 cm。

周期为

$$T=\frac{5}{10}\text{ s}=0.5\text{ s}$$

频率为

$$f=\frac{1}{T}=\frac{1}{0.5}\text{ Hz}=2\text{ Hz}$$

方法指导:根据振幅的概念可知振幅的大小,根据频率和周期之间的关系 $f=\dfrac{1}{T}$ 求得频率。

实例 2 一个质点做简谐运动,位移-时间图像如图 4-1-2 所示,则振子的最大速率、最大动能、最大势能、最小速率、最大加速度分别在哪些时刻?

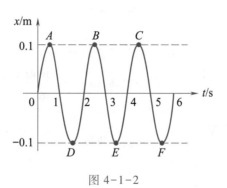

图 4-1-2

分析:由题图知,第 1 s、2 s、3 s、4 s、5 s、6 s 末,质点在平衡位置,具有最大动能,此时振子的速率最大;$A$、$B$、$C$、$D$、$E$、$F$ 时刻振子在最大位移处,具有最大势能,此时振子的速度为 0。$A$、$B$、$C$ 时刻与 $D$、$E$、$F$ 时刻振子受力大小相等,但方向相反,故加速度大小相等,方向相反。

解:最大速率和最大动能在第 1 s、2 s、3 s、4 s、5 s、6 s 末;最大势能、最小速率和最大加速度在 $A$、$B$、$C$、$D$、$E$、$F$ 时刻。

方法指导:通过判断平衡位置来判断振子的最大速率。利用回复力 $F=-kx$ 判断振子最大势能和最大加速度的位置,利用机械能守恒判断振子最小速率的位置。

## 三、素养提升训练

**1. 填空题**

（1）物体沿着直线或弧线，在_____位置附近做来回_____的运动，这种运动称为机械振动。机械振动具有_____性和_____性。

（2）弹簧振子的回复力实际上是物体所受的_____力提供的，方向始终指向_____位置。

（3）物体在跟位移大小成_____，并且总是指向_____的_____力作用下的振动，称为简谐运动，是_____物理模型。

（4）通过计算机自动绘制弹簧振子的位移随时间变化的图像，位移与时间的图像是一条_____曲线或_____曲线，这种研究方法称为_____法。

*（5）弹簧振子做一次全振动通过的路程是 12 cm，所用的时间是 0.8 s，则振动的振幅是_____ m，它的周期是_____ s，频率是_____ Hz。

*（6）在简谐运动中，弹簧振子的_____能和_____能都在不断地变化，如果在振动过程中无能量损失，机械能_____（填"守恒"或"不守恒"）。

**2. 判断题**

（1）简谐运动的图像就是物体的运动轨迹。　　　　　　　　　　　　　（　　）

（2）简谐运动的频率是由振动系统本身的性质决定的，与振幅无关。　　（　　）

（3）简谐运动中振动系统机械能守恒，但实际振动都有能量损耗。　　　（　　）

（4）振动系统振幅的大小由系统能量决定，能量越大，振幅越大。　　　（　　）

*（5）回复力的方向总是与速度的方向相反。　　　　　　　　　　　　　（　　）

*（6）质点做简谐运动的周期不变。　　　　　　　　　　　　　　　　　（　　）

**3. 单选题**

（1）下列运动中不属于机械振动的有（　　　）。

　　A. 气缸里的活塞上下运动　　　　　　B. 竖直向上抛出的物体的运动

　　C. 说话时声带的振动　　　　　　　　D. 琴弦的振动

（2）物体做简谐运动，下列说法正确的是（　　　）。

　　A. 回复力不可能是恒力

　　B. 加速度方向与位移方向总相同

　　C. 公式 $F = -kx$ 中的 $x$ 是指弹簧的长度

　　D. 每次经过平衡位置时的合力一定为零

（3）简谐运动属于（　　　）。

　　A. 匀加速直线运动　　　　　　　　　B. 变速运动

　　C. 匀速直线运动　　　　　　　　　　D. 匀变速运动

（4）关于水平弹簧振子做简谐运动时的能量,下列说法错误的是(　　)。

　　A. 等于在平衡位置时振子的动能

　　B. 保持不变

　　C. 等于任意时刻振子的动能和弹簧弹性势能之和

　　D. 做周期性变化

（5）做简谐运动的弹簧振子在向平衡位置运动的过程中(　　)。

　　A. 回复力增大　　　　　　　　　　B. 速度增大

　　C. 加速度增大　　　　　　　　　　D. 势能增大

*（6）做简谐运动的弹簧振子偏离平衡位置到达最大位移处,物理量达到最小值的是(　　)。

　　A. 速度　　　　　　　　　　　　　B. 加速度

　　C. 回复力　　　　　　　　　　　　D. 位移

*（7）图 4-1-3 所示为一弹簧振子的振动图像,下列说法错误的是(　　)。

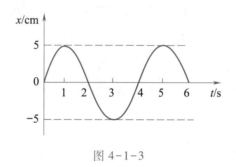

图 4-1-3

　　A. 振幅是 5 cm　　　　　　　　　　B. 第 1 s 末的加速度最大

　　C. 第 2 s 末的势能最小　　　　　　D. 前 100 s 的位移是 0,路程是 2.5 m

**4. 实践题**

　　如图 4-1-4 所示,把自行车支起来,一只手转动自行车的脚踏板,另一只手拿着弹性硬纸片,让纸片的一头伸到自行车后轮的辐条中(要特别注意安全,不要把手伸到辐条中)。和同学讨论:当自行车后轮达到一定转速时,纸片会尖叫起来,这是为什么? 若加快转速,纸片发出的声调将怎样变化?

图 4-1-4

## 四、技术中国

### 国产海底地震仪创世界纪录

海底地震仪是地球科学探测的重要设备,它通过记录海底地震的波动信号,对海底深部地层结构进行地震波成像。2017 年,中国科学院深渊科考队通过"探索一号"科考船,在世界最深处马里亚纳海沟成功应用自主研发的万米级海底地震仪(图 4-1-5),完成了两条万米级人工地震剖面测线,为该区海底地壳速度结构成像、近震参数研究提供了依据。

万米级人工地震剖面测线的获取,使我国成为世界上首个成功获取万米级海洋人工地震剖面数据的国家。

图 4-1-5

## 第二节 受迫振动 共振

### 一、重点难点解析

不同振动类型之间各物理量的比较及应用实例,见表 4-2-1。

表 4-2-1

| 比较项目 | 自由振动 | 阻尼振动 | 受迫振动 | 共振 |
|---|---|---|---|---|
| 受力情况 | 受回复力的作用 | 受阻力的作用 | 受阻力和驱动力的作用 | 受阻力和驱动力的作用 |
| 振幅 | 等幅振动 | 振幅越来越小 | 稳定后振幅不变 | 振幅最大 |
| 周期和频率 | 由振动系统本身的性质决定,即固有周期和固有频率 | 由振动系统本身的性质决定,即固有周期和固有频率 | 稳定后的频率等于驱动力的频率,与物体的固有频率无关 | 驱动力的频率(周期),等于物体的固有频率(周期) |
| 能量 | 机械能守恒 | 机械能减少 | 不确定 | 振动物体的能量不断增加,振幅达到最大时,增加的能量等于克服阻尼作用耗散的能量 |
| 应用实例 | 弹簧振子、偏角小于5°的单摆运动 | 敲锣打鼓发出的声音越来越弱 | 机器运转时底座发生的振动、气缸中的活塞往复运动 | 共振筛、转速计、原子钟、打桩机 |

### 二、应用实例分析

实例1 如图 4-2-1 所示,在曲轴上挂一个弹簧振子,转动摇把,曲轴使弹簧振子上下振动。开始时不转动摇把,让振子自由振动,测得其频率为 3 Hz。现匀速转动摇把,转速为 240 r/min。当弹簧振子稳定振动时,求其振动周期、频率;当摇把转速减小或增大时,弹簧振子的振幅将怎样变化?

分析:当弹簧振子稳定振动时,它的振动周期及频率均与驱动力的周期及频率相等。根据转速和频率的关系,可求得摇把转动的周期及频率。

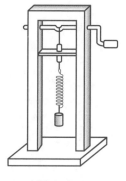

图 4-2-1

判断当摇把转速减小或增大时,弹簧振子摇把转动的频率是接近还是远离弹簧振子的固有频率 3 Hz,从而判断出弹簧振子的振幅变化。

解:摇把匀速转动的频率为

$$f = \frac{n}{60} = \frac{240}{60} \text{ Hz} = 4 \text{ Hz}$$

摇把匀速转动的周期为

$$T = \frac{1}{f} = \frac{1}{4} = 0.25 \text{ s}$$

当弹簧振子稳定振动时,它的振动周期及频率均与摇把转动的周期及频率相等。

当摇把转速减小时,其频率将更接近弹簧振子的固有频率 3 Hz,弹簧振子的振幅将增大。当转速增大时,其频率将与弹簧振子的固有频率 3 Hz 相差越多,弹簧振子的振幅将减小。

方法指导:摇把匀速转动时,给弹簧振子施加了一个周期性的外力(驱动力),因此,弹簧振子的振动是受迫振动。受迫振动稳定后的频率等于驱动力的频率,与弹簧振子的固有频率无关。判断弹簧振子振幅的变化,要比较驱动力的频率与其固有频率,再作出判断。

实例2 图 4-2-2 是测量各种发动机转速的转速计原理图。在同一铁支架 $PQ$ 上焊有四个钢片 A、B、C、D,固有频率依次为 80 Hz、60 Hz、40 Hz、20 Hz。现将 $P$ 端与正在转动的电动机接触,发现 C 钢片振幅最大,则此时各钢片的振动频率分别是多少?

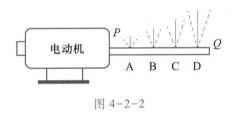

图 4-2-2

分析:C 钢片振幅最大时说明发生了共振,依据共振发生的条件可知,电动机的转动频率等于 C 钢片的固有频率 40 Hz。依据受迫振动稳定后的频率等于驱动力的频率,而与物体的固有频率无关,可判断出 A、B、D 各钢片的振动频率。

解:各钢片的振动频率都是 40 Hz。

方法指导:将焊有四个钢片的铁支架 $PQ$ 与电动机接触,铁支架 $PQ$ 及其上面的四个钢片都将做受迫振动,电动机的转动频率就是驱动力的频率。依据共振发生的条件、受迫振动频率的决定因素,来判断各钢片的振动频率。

# 三、素养提升训练

1. 填空题

(1)自由振动中机械能的总量保持_____,是一种_____的物理模型。物体做自由振动的周期称为_____周期,它的频率称为_____频率。

（2）共振曲线是受迫振动的振幅随_____频率的变化而变化的图像。产生共振的条件是_____的频率与振动物体的_____频率相等或接近。

（3）物体做受迫振动稳定后的频率等于_____的频率,与物体的_____频率无关。

（4）人们将电动机安装在水泥浇注的地基或者很重的底盘上,是为了防止电动机工作时发生_____。

*（5）一个固有频率为 2.0 Hz 的单摆,在频率为 5.0 Hz 的驱动力作用下做受迫振动时,其频率为_____Hz。若使该单摆发生共振,驱动力的频率应调整为_____Hz。

*（6）汽车的车身下面均安装有减振弹簧,如果减振弹簧的固有周期是 1.5 s,在接近收费站的道路上,安装了若干条突出路面且与行驶方向垂直的减速带,减速带间距 9 m。则汽车行驶速度为_____m/s 时颠簸得最厉害。

**2. 判断题**

（1）自由振动是等幅振动、简谐运动。 （    ）

（2）物体的固有频率由物体本身的性质决定,与振幅无关。 （    ）

（3）受迫振动的周期跟驱动力的周期、物体的固有周期都有关。 （    ）

（4）受迫振动是等幅振动,机械能不变。 （    ）

*（5）做受迫振动的物体,可设法将驱动力的频率设置为与其固有频率不相等来防止共振。

（    ）

*（6）利用共振时,使驱动力的频率接近或等于振动物体的固有频率。 （    ）

**3. 单选题**

（1）忽略摩擦力和空气阻力,在弹簧振子自由振动的过程中,下列说法错误的是（    ）。

  A. 振幅越来越小       B. 机械能守恒

  C. 周期不变         D. 频率不变

（2）单摆做阻尼振动的过程中,下列说法错误的是（    ）。

  A. 振幅越来越小       B. 机械能减少

  C. 周期不变         D. 机械能守恒,频率不变

（3）下列不属于受迫振动的是（    ）。

  A. 发动机正在运转时汽车的振动   B. 机器运转时底座发生的振动

  C. 吊床上的小孩随着吊床一起摆动   D. 气缸中的活塞往复运动

（4）关于受迫振动,下列说法正确的是（    ）。

  A. 受迫振动的频率变化

  B. 受迫振动的频率与物体的固有频率有关

  C. 驱动力越大,物体做受迫振动的振幅越大

  D. 驱动力的频率越接近物体的固有频率,物体做受迫振动的振幅越大

*（5）轮船航行时,要不断改变轮船的航向和速度的目的是（    ）。

  A. 使轮船所受波浪冲击力的频率接近轮船左右摇摆的固有频率

B. 使轮船速度增大

C. 使波浪冲击力的频率远离轮船摇摆的固有频率,避免轮船倾覆

D. 减小波浪冲击力

*(6)队伍过桥时,不能齐步走,这是为了(　　)。

A. 减小对桥的压力　　　　　　　B. 避免共振

C. 使桥受力均匀　　　　　　　　D. 使桥保持平衡,合力为零

*(7)有 A、B 两个弹簧振子,A 的固有频率为 $f$,B 的固有频率为 $4f$。如果它们都在频率为 $3f$ 的驱动力作用下做受迫振动,则下述结论中正确的是(　　)。

A. 振子 A 的振幅较大,振动频率为 $f$

B. 振子 A 的振幅较大,振动频率为 $3f$

C. 振子 B 的振幅较大,振动频率为 $3f$

D. 振子 B 的振幅较大,振动频率为 $4f$

**4. 实践题**

用声音熄灭蜡烛。材料有吹风机、瓶子 4 个(两两相同)、亚克力透明板、透明宽胶带、蜡烛 1 个。用吹风机对着亚克力板左侧的瓶口吹风,亚克力板右侧的蜡烛火焰没有变化。若将蜡烛火焰放在另一个相同瓶的瓶口(图 4-2-3),蜡烛火焰有变化吗? 为什么? 若将蜡烛火焰放在另一个不同瓶的瓶口,蜡烛火焰有变化吗? 为什么?

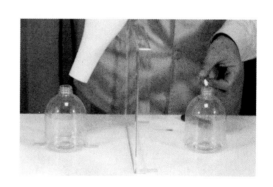

图 4-2-3

**\*5. 简答题**

我国北宋科学家沈括在《梦溪笔谈》中指出:"欲知其应者,先调诸弦令声和,乃剪纸人加弦上,鼓其应弦,则纸人跃,他弦即不动。"说的是确定应弦的方法:要想知道某一根弦的应弦,可以先把各弦的音调调准,然后剪一个纸人放在这根琴弦上,这样一弹它的应弦,纸人才会跳动,弹拨其他琴弦,纸人则不动。这个纸人共振实验比欧洲所做的共振实验早好几个世纪。同学们,读了这段文字有什么感悟? 与同学讨论,纸人跳动的原因是什么?

##  四、技术中国

### 中国在工程结构减振领域领跑世界

　　阻尼器是解决振动问题、保证工程安全与装备性能的必要设备。我国科学家针对传统油阻尼器的缺点,创造性地提出了以电涡流阻尼新技术来制造大型阻尼器,研发出电涡流调谐质量阻尼器、大吨位电涡流轴向阻尼器,创新出一种无机械摩擦、无工作流体、无需电源的新型减振技术,解决了大型结构减振的世界性技术难题。其研究成果在核电站、武器装备、轨道列车、外层空间探索等领域得到广泛应用。例如,在张家界大峡谷玻璃桥、绵阳三江大桥斜拉桥、苏通长江公路大桥等工程中的应用,破解了超长拉索振动控制的世界难题。

# 第三节　机械波

## 一、重点难点解析

### （一）横波与纵波的区别

机械波分为横波和纵波,其区别见表 4-3-1。

表 4-3-1

| 内容 | 横波 | 纵波 |
|---|---|---|
| 概念 | 质点振动方向与波的传播方向垂直 | 质点的振动方向与波的传播方向在同一直线上 |
| 传播介质 | 固体 | 固体、液体、气体 |
| 波形特点 | 凹凸相间的波,有波峰和波谷 | 疏密相间的波,有疏部和密部 |
| 实例 | 绳波 | 弹簧波、声波 |

### （二）机械波

（1）机械波的形成条件。同时存在波源和介质。

（2）机械波的特点。

① 传播的是振动这种运动的形式和能量。

② 介质质点本身并不向前迁移,它们仍以各自的平衡位置为中心振动。

（3）声波。人耳听到的声波的频率范围在 20~20 000 Hz 之间。频率高于 20 000 Hz 的声波称为超声波,频率低于 20 Hz 的声波称为次声波。

## 二、应用实例分析

实例　一列机械波由波源处向周围扩展开去,下列说法不正确的是(　　)。

　　A. 介质中各质点由近及远地传播开去

　　B. 介质中质点的振动形式由近及远地传播开去

　　C. 介质中质点振动的能量由近及远地传播

　　D. 介质中质点只是振动而没有迁移

分析:波动过程是振动形式和振动能量的传递过程,介质中质点并不随波迁移。

解:选择 A。

方法指导:根据机械波的特点作出判断。

三、素养提升训练

**1. 填空题**

（1）把_____在介质中的传播称为机械波。波是传递_____和_____的一种方式。介质虽然能够以波的形式把振动传播出去，但介质中的物质本身并没有随着波一起迁移。

（2）质点振动方向与波的传播方向_____，这种波称为横波。横波在传播过程中的波形是_____，有_____和_____。

（3）质点的振动方向与波的传播方向在_____上，这种波称为纵波。纵波在传播过程中的波形是_____，有_____和_____。

（4）产生机械波的条件：有发生机械振动的_____，有传播振动的_____。

*（5）能够引起人耳感觉的声波频率范围是_____，高于 20 000 Hz 的声波称为_____，低于 20 Hz 的声波称为_____。

*（6）减弱噪声一般有三种方法：在_____处减弱，在_____过程中减弱，在_____处减弱。

**2. 判断题**

（1）有频率相同的两个物体，若敲击一个物体，另一物体振动发声，这种现象就是共鸣。　　　　　　　　　　　　　　　　　　　　　　　　　　　（　　）

（2）质点的振动方向总是与波传播的方向垂直。　　　　　　　　　　　（　　）

（3）波源一旦停止振动，波立即停止传播。　　　　　　　　　　　　　（　　）

（4）声波是发声体产生的振动在空气或其他物质中的传播。　　　　　　（　　）

*（5）机械波的传播速度由介质本身决定，纵波的传播速度比横波快。　（　　）

*（6）横波只能在固体中传播，而纵波能在固体、液体和气体中传播。　（　　）

**3. 单选题**

（1）区分横波和纵波的依据是（　　）。

　　A. 质点沿水平方向还是竖直方向振动

　　B. 波沿水平方向还是竖直方向传播

　　C. 质点的振动方向和波的传播方向是相互垂直还是在一条直线上

　　D. 波的传播距离的远近

（2）下列关于机械振动和机械波的说法中，错误的是（　　）。

　　A. 有机械振动就一定有机械波

　　B. 有机械波就一定有机械振动

　　C. 机械振动是一个质点的运动，机械波是许多质点的往复运动

　　D. 振动是由于质点受到回复力，波动是由于介质中各质点间存在弹力

（3）关于机械波的认识，错误的是（　　）。

A. 介质中各质点存在相互作用力,质点的振动形式由近及远地传播

B. 波在传播过程中,频率保持不变

C. 波是传递能量的一种方式

D. 横波和纵波不可以同时在同一介质中传播

（4）下列关于机械波传播的说法中,错误的是(　　)。

A. 各质点围绕各自的中心位置做机械振动,质点并不随波迁移

B. 各质点的起振方向都相同,且与波源的起振方向相同

C. 各质点的振动周期都相等,且与波源的振动周期相等

D. 各个质点同时起振,振幅相等

*（5）达·芬奇曾说:"水波离开了它产生的地方,而那里的水并不离开,就像风在田野里掀起的麦浪。我们看到,麦浪滚滚地在田野里奔去,但是麦子却仍旧留在原来的地方。"此现象说明了波传播的特点是(　　)。

A. 介质中各质点围绕各自平衡位置做机械振动,质点并不随波迁移

B. 波传播振动形式、能量

C. 波源带动各个质点,由近及远地先后振动

D. 沿波的传播方向上各质点的起振方向与波源的起振方向一致

*（6）把闹钟放在玻璃罩里,用抽气机逐渐抽出罩内的空气,直至将罩内的空气抽尽,下列说法错误的是(　　)。

A. 闹钟的铃声逐渐变小直至消失

B. 说明真空不能传声

C. 机械波的传播需要介质

D. 机械波的传播只需要波源

## 四、技术中国

### 领先全球的地震预警技术

地震预警是利用电磁波比地震波（主要包括横波和纵波）快的原理,对地震还未波及的区域提前几秒到几十秒发出的警报。2013 年,我国首次利用该技术成功预警了芦山 7 级地震,帮助雅安市主城区的民众提前 5 s 收到预警,帮助成都的民众提前 28 s 收到预警。

几年来,我国已连续预警了 50 次破坏性地震,未发生一次误报、漏报。我国的地震预警系统平均响应时间（从地震发生时刻到用户收到预警信息的时间）为 6.2 s,而日本是 9 s。可以说,我国的预警水平全球领先。同学们,读了这篇小短文你有什么感悟?

# 自我评价反思

针对本主题"素养提升训练"的完成情况,同学们可从核心素养发展、学习行为表现、学习兴趣提升等方面寻找自己的收获与亮点,查找疑惑与不足,并填写表 4-4-1。

表 4-4-1

| 自我评价内容 | 收获与亮点 | 疑惑与不足 |
|---|---|---|
| 物理观念及应用 | | |
| 科学思维与创新 | | |
| 科学实践与技能 | | |
| 科学态度与责任 | | |

## 学业水平测试

(时间:45 min,总分:100 分)

一、填空题(每空 1 分,累计 25 分)

1. 振幅越来越小的振动,称为_____振动。广州塔放置巨大的消防水箱做阻尼器,可以_____消能,减少大风对建筑物的影响。

2. 物体在_____外力作用下的振动称为受迫振动。物体做受迫振动稳定后的频率等于_____的频率,与物体的_____频率无关。

3. 做受迫振动的物体,当_____的频率等于其_____频率时,振幅出现_____的现象称为共振。

4. 质点振动方向与波的传播方向_____,这种波称为横波。波形_____相间。质点的振动方向与波的传播方向在_____上,这种波称为纵波。波形_____相间的波。

5. 在简谐运动过程中,回复力、加速度、速度、位移的大小和方向都是_____的,所以简谐运动是_____运动。

6. 自由振动是_____幅振动,阻尼振动是_____幅振动。

*7. 两个弹簧振子悬挂在同一个支架上,已知甲弹簧振子的固有频率为 10 Hz,乙弹簧振子的固有频率为 80 Hz,当支架受到竖直方向上频率为 12 Hz 的驱动力的作用而做受迫振动时,_____弹簧振子的振幅较大,振动频率为_____Hz;_____弹簧振子的振幅较小,振动频率为_____Hz。

*8. 传统铁路每根铁轨长 12 m,若支持车厢的弹簧和车厢的固有周期是 0.6 s,则当列车的行驶速度为_____m/s 时,车厢振动得最厉害。

*9. 在需要利用共振的时候,应该使驱动力的频率_____或_____振动物体的固有频率。在需要防止共振危害的时候,要想办法使驱动力频率和固有频率_____,而且相差得_____越好。

二、判断题(每题 3 分,累计 18 分)

1. 弹簧振子、单摆都是理想化的物理模型,实际是不存在的。　　　　　(　　)

2. 机械波形成的过程中,质点在各自的平衡位置附近做简谐运动。　　　(　　)

3. 物体做受迫振动时,其振动频率与固有频率无关。　　　　　　　　　(　　)

4. 机械波传播的过程中,各质点随波的传播而迁移。　　　　　　　　　(　　)

*5. 机器运转时,调节转速是可以防止共振的。　　　　　　　　　　　　(　　)

*6. 在振动物体底座加上防振垫是为了减震。　　　　　　　　　　　　　(　　)

三、单选题（每题 6 分，累计 36 分）

1. 单摆做简谐运动时，在其偏角增大的过程中，摆球的（　　　）。

A. 动能增大　　　　B. 速度增大　　　　C. 回复力增大　　　　D. 机械能增大

2. 下列说法错误的是（　　　）。

A. 物体做自由振动的频率与振幅无关

B. 物体做受迫振动的频率与固有频率无关

C. 物体发生共振的频率与固有频率无关

D. 物体做阻尼振动时的振幅变小

3. 做简谐运动的弹簧振子的振动图像如图 4-5-1 所示，下列说法中正确的是（　　　）。

A. 在 $t=0.2$ s 时，弹簧振子振幅最小

B. 在 $t=0.4$ s 与 $t=0.6$ s 时，动能最大

C. 在 $t=0.2$ s 与 $t=0.4$ s 时，弹性势能最大

D. 在 $t=0.2$ s 时，加速度最大

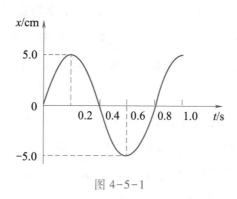

图 4-5-1

4. 在一根张紧的绳上挂四个单摆，其中 A、C 两个单摆的摆长相等（图 4-5-2）。当 A 单摆振动时，B、C、D 三个单摆做受迫振动，观察发现振幅最大的单摆是（　　　）。

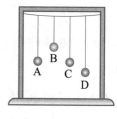

图 4-5-2

A. B 单摆

B. C 单摆

C. D 单摆

D. C 单摆和 D 单摆

*5. 某物体做受迫振动的振动曲线如图 4-5-3 所示，下列判断正确的是（　　　）。

A. 物体做受迫振动的频率与其固有频率 $f_0$ 有关

B. 物体做受迫振动时的频率等于 $f_0$

C. 物体做受迫振动时的振幅相同则频率必相同

D. 为避免共振发生，应该让驱动力的频率远离 $f_0$

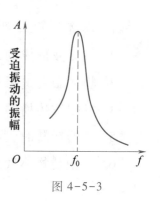

图 4-5-3

*6. 如图 4-5-4 所示,在轻直杆 *OC* 的中点悬挂一个固有频率为 4 Hz 的弹簧振子,杆的 *O* 端有固定光滑轴。*C* 端下边由凸轮支持,凸轮绕其轴转动,转速 *n* 从 0 逐渐增大到 8 r/s 的过程中,下列说法错误的是(　　)。

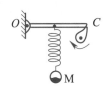

图 4-5-4

A. 先接近固有频率,达到相等后又偏离固有频率

B. 振子 M 的振幅将先增大后减小

C. 若转速稳定在 8 r/s,M 的振动频率是 8 Hz

D. 当 *n* = 8 r/s 时振幅最大

**四、简答题**(第 1 题 10 分,第 2 题 11 分,累计 21 分)

1. 我国唐代的军队中曾使用空的胡禄(图 4-5-5)作为随军枕,供战士在宿营时使用。典籍中对于胡禄在行军中使用的描述如下,"有人马行三十里外,东西南北,皆响见于胡禄中",这是为什么呢?

图 4-5-5　胡禄

*2. 正在运转的洗衣机,当其脱水桶转得很快时,机器的振动并不强烈,从切断电源到转速逐渐减小为零的过程中,其中有一小段时间,洗衣机振动得很强烈,这一现象应如何解释?

# 直流电及其应用

**知识脉络思维导图**

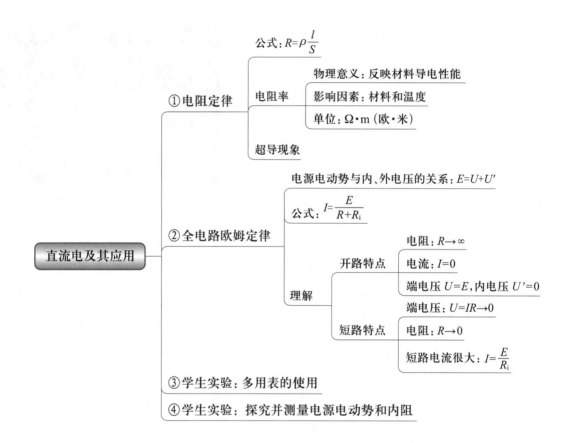

# 第一节 电阻定律

## 🥧 一、重点难点解析

### （一）电阻定律

（1）公式。$R = \rho \dfrac{l}{S}$。

① 在一定温度下,导体电阻的大小由导体本身的性质(导体的长度、横截面积和材料)决定,与其他因素无关。

② 只能在一定温度下应用该公式计算电阻。

（2）电阻率。

① 电阻率是一个反映材料导电性能的物理量,电阻率大的材料,导电性能差。电阻率跟材料和温度有关。

② 不同材料的电阻率不同。一般把 $\rho < 10^{-6} \ \Omega \cdot m$ 的物体称为导体,把 $\rho > 10^{8} \ \Omega \cdot m$ 的物体称为绝缘体,介于两者之间的物体称为半导体。

③ 应用:利用金属电阻率随着温度升高而增大的特性,制成了电阻温度计。

### （二）超导现象

（1）概念。当温度降低到某一温度时,某些材料的电阻率突然减小到零,这种现象称为超导现象。

（2）超导体。处于超导状态的物体称为超导体。超导体具有很强的抗磁性。

## 📈 二、应用实例分析

实例 一条康铜丝,横截面积 $S = 0.20 \ mm^2$,长 $l = 2.5 \ m$,在它的两端加上电压 $U = 0.60 \ V$ 时,通过它的电流 $I = 0.10 \ A$,求这种康铜丝的电阻率。

分析:由电阻定律 $R = \rho \dfrac{l}{S}$ 可知,要求电阻率 $\rho$,必须知道 $R$、$l$、$S$。题目已给出了 $S$、$l$ 两个物理量,所以要先求出 $R$。已知导线中电流、线路两端的电压,根据部分电路欧姆定律 $R = \dfrac{U}{I}$ 可求电阻 $R$。

解:根据部分电路欧姆定律,康铜丝的电阻为

$$R = \frac{U}{I} = \frac{0.6}{0.1} \Omega = 6 \ \Omega$$

根据电阻定律 $R=\rho\dfrac{l}{S}$ 可知,康铜丝的电阻率为

$$\rho=\frac{RS}{l}=\frac{6\times0.20\times10^{-6}}{2.5}\ \mathrm{m}^2=4.8\times10^{-7}\ \Omega\cdot\mathrm{m}$$

方法指导:由公式 $R=\dfrac{U}{I}$,$R=\rho\dfrac{l}{S}$ 求得 $\rho$。

## 三、素养提升训练

**1. 填空题**

(1)探究影响导体电阻大小的因素时,在温度不变的情况下,保持导体的长度、横截面积、材料三个因素中任意两个因素不变,研究电阻和第三个因素的关系,这种研究方法称为_____法。

(2)由同一种材料制成的粗细均匀的一段导体,在一定温度下,它的电阻 $R$ 与它的长度 $l$ 成_____,与它的横截面积 $S$ 成_____,这个定律称为_____定律。

(3)电阻率不仅与_____有关,还与_____有关。

(4)利用金属电阻率随着温度升高而_____的特性,可制成电阻温度计。而有些合金如锰铜、镍铜合金的电阻率几乎不受温度变化的影响,因此常用来制作_____。半导体的电阻率随温度的升高而_____。

*(5)当温度降低到某一温度时,某些材料的电阻率突然_____,这种现象称为_____现象。处于这种状态的物体称为_____。

*(6)当一个小的永磁体降落到超导体表面附近时,在永磁体与超导体间会产生排斥力,使永磁体_____于超导体上,这说明超导体还具有很强的_____性。

**2. 判断题**

(1)导体的电阻是由电压和电流决定的。　　　　　　　　　　　　　　　　　(　　)

(2)电阻率反映导体的导电性能,电阻率越大,导电性能越差。　　　　　　　(　　)

(3)导体电阻的大小与温度无关。　　　　　　　　　　　　　　　　　　　(　　)

(4)某些材料在温度降到零度时,电阻率突然为零,这是超导现象。　　　　　(　　)

*(5)用电器和电工工具的绝缘部分,用电阻率小的电木、橡胶制作。　　　　(　　)

*(6)有些绝缘体在很高的电压作用下将被击穿而成为导体。　　　　　　　　(　　)

**3. 单选题**

(1)下列关于导体电阻的说法中,正确的是(　　　　)。

　　A. 导体中有电流,导体才能有电阻

　　B. 导体电阻的大小取决于通过它的电流大小

　　C. 导体电阻是导体本身的一种性质,与通过它的电压、电流无关

D. 导体的电阻只与导体的长度、横截面积有关

（2）下列关于电阻率的说法中,错误的是(　　)。

A. 电阻率的大小与导体的几何形状、大小无关

B. 电阻率与材料和温度有关

C. 电阻率与导体的长度、横截面积等因素无关

D. 所有材料的电阻率随温度的升高而增大

（3）在温度不变的情况下,下列说法正确的(　　)。

A. 由 $R = \dfrac{U}{I}$ 可知,电阻与两端电压成正比,与流过导体的电流成反比

B. 由 $R = \rho\dfrac{l}{S}$ 可知,电阻与导体的长度成正比,与导体的横截面积成反比

C. 由 $\rho = \dfrac{RS}{l}$ 可知,电阻率与导体的横截面积成正比,与导体的长度成反比

D. 由 $\rho = \dfrac{RS}{l}$ 可知,导体的电阻越大,其电阻率越大

（4）若常温下的超导体研制成功,它适于用作(　　)。

A. 熔丝　　　　　　B. 输电线　　　　　　C. 电炉丝　　　　　　D. 电阻温度计

*（5）把一根电阻为 $R$ 的电阻丝两次对折后,作为一根导线使用,电阻变为(　　)。

A. $\dfrac{R}{16}$　　　　　　B. $\dfrac{R}{4}$　　　　　　C. $4R$　　　　　　D. $16R$

*（6）一根粗细均匀的电阻丝阻值为 $R$,若温度不变,则下列情况中,其电阻仍为 $R$ 的是(　　)。

A. 长度和横截面半径都增大一倍时　　　　B. 长度不变、横截面积增大一倍时

C. 横截面积不变、长度增大一倍时　　　　D. 长度和横截面积都缩小一半时

**4. 计算题**

（1）有一根横截面积为 $1.7\ \text{mm}^2$ 的铜导线,如果导线两端的电压为 $20\ \text{V}$,导线中通过 $1\ \text{A}$ 的电流,求该导线的长度。已知铜的电阻率为 $1.7\times10^{-8}\ \Omega\cdot\text{m}$。

*（2）有一种"电测井"技术,用钻头在地上钻孔,通过测量电特性来反映地下的有关情况。若孔形状为圆柱体,它的底面积为 $3.14\times10^{-2}\ \text{m}^2$,设里面充满浓度均匀的盐水,其电阻率 $\rho = 0.314\ \Omega\cdot\text{m}$,若在孔的顶面和底部加上电压,测得 $U = 100\ \text{V}$,$I = 0.1\ \text{A}$,求该孔的深度。

**四、技术中国**

### 国内首条 35 kV 千米级高温超导电缆示范工程

国内首条 35 kV 千米级高温超导电缆示范工程,位于上海市徐家汇地区,线路总长度约 1.2 km。建成投产后,该项目将是世界上输送容量最大、距离最长、全商业化运行的 35 kV 超导电缆工程。该工程敷设的超导电缆结构中,最关键的是 20～30 根仅 0.4 mm 厚的第二代超导材料,其输送容量可以替代 4~6 根相同电压等级的传统电缆,需要在 -196 ℃ 的液氮条件下运行。该技术为推进高温超导材料在智能电网改造中实现产业化应用奠定了基础。

# 第二节　全电路欧姆定律

## 一、重点难点解析

### （一）电源电动势

（1）电动势在数值上等于电源没有接入电路时两极间的电压。

（2）物理意义。反映了电源把其他形式的能转化为电能的本领。

（3）特性。一个给定的电源,它的电动势 $E$ 和内阻 $R_i$ 是由电源本身的结构决定的,可以认为不变。

（4）电动势和电压的区别:电动势和电压都是表示电路中能量转化的物理量,但电动势是表示其他形式的能转化为电能的物理量,电压是表示电能转化为其他形式的能的物理量。

### （二）内电压和外电压

内电压($U'$)、外电压($U$)和电动势($E$)的关系为 $E=U+U'$。

### （三）全电路欧姆定律

（1）全电路。包含电源在内的闭合电路。

（2）公式。$I=\dfrac{E}{R+R_i}$。

（3）适用范围。$I=\dfrac{E}{R+R_i}$ 与 $E=IR+IR_i$ 适用于外电阻是纯电阻的电路。

（4）端电压与外电阻的关系。

① 关系式:$U=E-IR_i$,适用于任何电路。

② 端电压随外电阻的增大而增大,随外电阻的减小而减小。

③ 特殊情况:当外电路断开时,$R\to\infty$,$I=0$,$U=E$;当外电路短路时,$R\to0$,$I_{短}=\dfrac{E}{R_i}$(由于 $R_i$ 一般很小,此时的电流很大,十分危险,故应避免短路),$U=0$。

## 二、应用实例分析

实例1　飞行器在太空飞行时,白天主要靠太阳能电池提供能量。现有一块太阳能电池板,测得它的开路电压为 800 mV,短路电流为 40 mA。电池的内阻是多大?若将该电池板与一个阻值为 20 Ω 的电阻连成一个闭合电路,则电路中的电流是多大?

分析:电池没有接入外电路时,开路电压等于电源电动势,所以电动势 $E=800$ mV。短路电流是

外电阻 $R=0$ 时电路中的电流,所以 $I_{短}=40$ mA,根据全电路欧姆定律可求得其内阻和端电压。

**解:** 根据全电路欧姆定律,短路电流为

$$I_{短}=\frac{E}{R_i}$$

则内阻为

$$R_i=\frac{E}{I_{短}}=\frac{800\times10^{-3}}{40\times10^{-3}}\ \Omega=20\ \Omega$$

若该电池与 $20\ \Omega$ 的电阻连成闭合电路,则电路中的电流为

$$I=\frac{E}{R+R_i}=\frac{800}{20+20}\ \text{mA}=20\ \text{mA}$$

**方法指导:** 先了解短路和开路,根据全电路欧姆定律 $I=\dfrac{E}{R+R_i}$ 求得电流。

**实例 2** 港珠澳大桥主桥由约 6.7 km 的海底隧道和 22.9 km 的桥梁构成。海底隧道需要每天 24 小时照明,而桥梁只需晚上照明。假设该大桥的照明电路可简化为如图 5-2-1 所示的电路,其中太阳能电池供电系统可等效为电动势为 $E$、内阻为 $R_i$ 的电源,电阻 $R_1$、$R_2$ 分别视为隧道灯和桥梁路灯,已知 $R_i$ 小于 $R_1$ 和 $R_2$,夜间开关 S 闭合,电路中电流表、电压表的示数怎样变化?

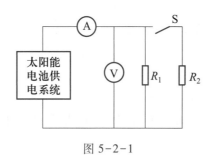

图 5-2-1

**分析:** 夜间隧道灯和桥梁路灯都亮,电阻 $R_1$ 和 $R_2$ 并联再和 $R_i$ 串联,由 $I=\dfrac{E}{R+R_i}$ 分析可得,总电阻变小,总电流变大,内电压变大,端电压变小。

**解:** 电流表示数变大、电压表示数变小。

**方法指导:** 根据全电路欧姆定律 $I=\dfrac{E}{R+R_i}$,$U=E-IR_i$ 来判断。

## 三、素养提升训练

### 1. 填空题

（1）电源是把_____能转化为_____能的装置。在闭合电路中,电源内部的电流方向是从_____极流向_____极。当有光照时,嫦娥四号月球探测器上的太阳能电池板可

以将_____能转化为_____能,发挥能源供给作用。

（2）包含电源在内的_____电路称为全电路。全电路由_____和_____组成,外电路两端的电压,称为_____电压;内阻上的电势降,称为_____电压。

（3）闭合电路中的电流与电源的电动势成_____,与内、外电阻之和成_____,这就是全电路欧姆定律。

（4）外电阻增大时端电压_____,电路中电流_____;外电阻减小时端电压_____,电路中电流_____。

*（5）外电路断开的情况,称为_____。开路特点:电阻 $R \rightarrow \infty$,电流 $I = 0$,端电压等于_____。

*（6）外电路的电阻等于零的情况称为_____。短路时电流 $I =$ _____。由于 $R_i$ 一般_____,故不能用导线将电源的正、负极直接相连,以防烧毁电源,甚至酿成火灾。

**2. 判断题**

（1）电动势只由电源性质决定,与外电路无关。　　　　　　　　　　　　　（　　）

（2）电动势有方向,因此电动势是矢量。　　　　　　　　　　　　　　　　（　　）

（3）在闭合电路中,当外电阻增大时,端电压也增大。　　　　　　　　　　（　　）

（4）闭合电路中的短路电流无限大。　　　　　　　　　　　　　　　　　　（　　）

*（5）电动势和电压的单位相同,所以电动势就是电源两极间的电压。　　　（　　）

*（6）电源断路时,电流为零,所以端电压也为零。　　　　　　　　　　　　（　　）

**3. 单选题**

（1）下列关于电源电动势的说法中,不正确的是(　　　)。

　　A. 电动势是表征电源把其他形式的能转变为电能的本领的物理量

　　B. 开路时电源两极间的电压在数值上等于电源的电动势

　　C. 外电路接通时,电源电动势等于内、外电路上电压之和

　　D. 电源电动势大小与外电路电阻有关

（2）下列关于电源电动势的说法中,正确的是(　　　)。

　　A. 电动势越大,电源两极间的电压一定越高

　　B. 1 号干电池比 7 号干电池大,电动势也不相同

　　C. 电源的电动势越大,电源所能提供的电能就越多

　　D. 当电源没有接入外电路时,端电压在数值上等于电源电动势

（3）将一个电源与一个电阻 $R$ 连接成闭合电路,当 $R$ 由 2 Ω 变为 6 Ω 时,电流变为原来的一半,则电源的内阻是(　　　)。

　　A. 1 Ω　　　　　　　B. 2 Ω　　　　　　　C. 3 Ω　　　　　　　D. 4 Ω

（4）在一个纯电阻电路中,电源的电动势为 6 V,电路中的电流为 3 A,由此可知(　　　)。

　　A. 内、外电阻相差 1 Ω　　　　　　　B. 内、外电阻之和为 2 Ω

　　C. 外电阻为 1 Ω　　　　　　　　　　D. 内阻为 2 Ω

*（5）由某汽车的电源与启动电动机、车灯连接的简化电路如图 5-2-2 所示。当汽车启动时,开关 S 闭合,电动机工作,车灯突然变暗,此时判断错误的是(　　)。

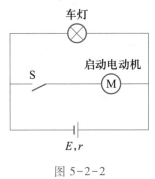

图 5-2-2

A. 电路中总电阻减小　　　　　　B. 电源的内电压变大,端电压变小

C. 电路的总电流变小　　　　　　D. 车灯的电流变小

*（6）如图 5-2-3 所示的电路中,合上开关 S 后(　　)。

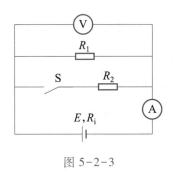

图 5-2-3

A. 电流表读数变大,电压表读数变小

B. 电流表读数变小,电压表读数变小

C. 电流表读数变小,电压表读数变大

D. 电流表读数变大,电压表读数变大

**4. 计算题**

（1）某电路的外电阻为 8 Ω,电流为 0.3 A,已知电源的短路电流是 1.5 A,求电源的电动势和内阻。

*（2）有一块电池,当外电路的电阻是 2.9 Ω 时,测得电流是 0.5 A,当外电路的电阻是 1.4 Ω 时,测得电流是 1.0 A,求电池的电动势和内阻。

**5. 实践题**

电池取火。用剪刀将口香糖锡纸剪出一个两端宽度约为 8 mm、中间 2 mm 左右的长条。将锡纸条上带铝箔的一面正对电池,并将其一端接电池的正极,另一端接电池的负极,很快会感觉到锡纸条发热,纸条中间狭窄部分开始冒烟然后燃烧,如图 5-2-4 所示。与同学讨论发生这种现象的原因。(实验时要注意戴上手套,做好防护)

图 5-2-4

<sup>*</sup>**6. 简答题**

智能手机屏幕的光线过强会对眼睛有害,因此手机都有一项可以调节亮度的功能,既可以自动调节,也可以手动调节。某同学为了模拟该功能,设计了如图 5-2-5 所示的电路。光敏电阻的特点是光照越强,阻值越小。与同学讨论,当光照变强时,小灯泡的亮度怎样变化,从而实现自动调节? 只将滑片向 $a$ 端滑动,小灯泡的亮度怎样变化,从而实现手动调节?

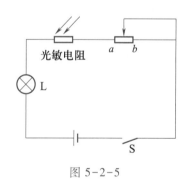

图 5-2-5

115

## 第三节 学生实验：多用表的使用

### 一、重点难点解析

**多用表**

1. 主要构造

由表头、测量线路和转换开关三部分组成。主要有指针多用表和数字多用表两种。

2. 使用方法

（1）测量直流电压时要与待测电路并联,红表笔电势高,黑表笔电势低。

（2）测量直流电流时要与电路串联,保证从红表笔流入,黑表笔流出。

注意:要养成在测量直流电压、电流之前,先进行机械调零的习惯,端钮选择、转换开关位置的选择、量程选择等要正确,读数要按读数规则准确读取。

（3）测量电阻时,应将电阻与其他电路断开。

使用前:① 机械调零;② 插入表笔,使电流从红表笔流入多用表。

使用中:① 选挡调零;② 接入电阻;③ 换挡;④ 换挡调零;⑤ 读数,指针多用表表盘刻度数值×倍率。

使用后:将选择开关拨至交流电压最大挡,或 OFF 挡。

### 二、应用实例分析

**实例** 有一个阻值约为 500 Ω 的待测电阻,现在用指针多用表的电阻挡对它进行测量,请你挑出所需的步骤,并按正确的操作顺序排列起来,读出图 5-3-1 中的测量值。

A. 把开关旋到×10 挡

B. 把开关旋到×100 挡

C. 把待测电阻接到两表笔间,在表盘上读数

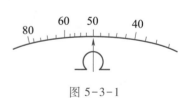

图 5-3-1

D. 短接两表笔,调节调零旋钮,使表针指向 0 Ω 处

E. 根据选挡和读数,算出并记录读数

**分析**:测量电阻时,使用多用表的过程中要注意:① 选挡调零;② 接入电阻;③ 换挡;④ 换挡调零;⑤ 读数,指针多用表表盘刻度数值×倍率。

**解**:排列顺序为 A、D、C、E,电阻测量值为 520 Ω。

**方法指导**:根据多用表的使用要求、方法和读数规则进行。

三、素养提升训练

**1. 填空题**

（1）多用表是一种多功能、多量程的测量仪表,共用一个表头,可分别测量_____、_____、_____等。主要有_____多用表和_____多用表。

（2）多用表主要由_____、_____和_____三部分组成。

（3）测量直流电压时,应将功能旋转开关置于直流电压挡,并选择合适的_____,多用表与被测电路_____联。

（4）测量直流电流时,应把多用表_____联在电路中。

*（5）测量电阻时,应将电阻与其他电路_____,红表笔连接表内电源的_____极,黑表笔连接表内电源的_____极。

*（6）多用表使用完毕,应将转换开关置于 OFF 挡或_____的最大挡。

**2. 判断题**

（1）多用表的红表笔接内部电源的负极。　　　　　　　　　　　　（　　）

（2）用指针多用表测电阻时,用旧电池会带来较大的误差。　　　　（　　）

（3）用多用表测量电压、电流、电阻时,电流都是从红表笔流入电表。（　　）

（4）用多用表测电阻前必须调零,换挡后必须将电阻调零。　　　　（　　）

*（5）合理选择挡位量程,指针应指在表盘中央刻度附近。　　　　　（　　）

*（6）用指针多用表测电阻,阻值＝读数×倍率。　　　　　　　　　（　　）

**3. 单选题**

（1）使用多用表时,下列操作错误的是(　　　)。

　　A. 在使用指针多用表之前,应先进行"机械调零"

　　B. 不能用手去接触表笔的金属部分,保证测量准确及人身安全

　　C. 在测量的同时可以换挡,测量高电压或大电流除外

　　D. 测量的同时如需换挡,应先断开表笔,换挡后再去测量

（2）下列说法不正确的是(　　　)。

　　A. 在使用多用表时,应水平放置

　　B. 多用表使用完毕,应将转换开关置于交流电压的最大挡

　　C. 如果长期不使用,应将多用表内部电池取出来

　　D. 测交流电流时,只要将多用表功能旋转开关置于电流挡即可

（3）关于指针多用表表面上的刻度线,下列说法中错误的是(　　　)。

　　A. 直流电流挡、直流电压挡的刻度都是均匀的

　　B. 电阻挡的刻度是不均匀的

　　C. 直流电流挡、直流电压挡的零刻度线一般在左侧

D. 电阻挡的零刻度线在左侧

*（4）如图 5-3-2 所示，用多用表测量电流、电压、电阻时，下列说法正确的是（　　）。

　　A. 测电压应按甲图测量

　　B. 测电流应按乙图测量

　　C. 测电阻应按丙图测量

　　D. 以上说法都不对

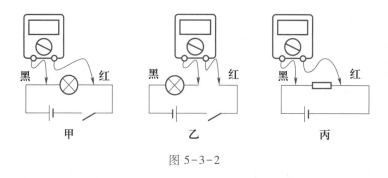

图 5-3-2

*（5）图 5-3-3 所示为多用表电阻挡的原理图，表头内阻为 $R_g$，调零电阻为 $R_0$，电池的电动势为 $E$，内阻为 $r$，则下列说法中错误的是（　　）。

　　A. 它是根据全电路欧姆定律制成的

　　B. 接表内电池负极的应是红表笔

　　C. 电阻挡对应的"0"刻度一般在刻度盘的右端

　　D. 调零后多用表的总内阻值是 $r+R_g+R$

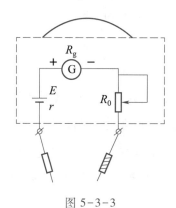

图 5-3-3

*（6）甲、乙两同学使用电阻挡测量同一个电阻时，都把选择开关旋到"×100"挡，并能正确操作。他们发现指针偏角太小，于是甲就把选择开关旋到"×1 k"挡，乙把选择开关旋到"×10"挡，但乙重新调零，而甲没有重新调零，则以下说法正确的是（　　）。

　　A. 甲选挡错误，而操作正确

　　B. 乙选挡正确，而操作错误

　　C. 甲选挡错误，操作也错误

　　D. 乙选挡错误，而操作正确

# 第四节　学生实验：探究并测量电源电动势和内阻

## 一、重点难点解析

### （一）测量电动势和内阻的原理

用电压表测出电阻两端的电压,用电流表测出通过电阻的电流。根据全电路欧姆定律 $E=U+IR_i$,调节滑动变阻器,测出两组 $U$、$I$ 值。

### （二）测量电动势和内阻的电路设计

（1）采用一个电流表和一个电阻箱,如图 5-4-1 所示。

（2）采用一个电压表、一个电流表和一只滑动变阻器（或电阻箱）,如图 5-4-2 所示。

（3）采用一个电压表和一个电阻箱等,如图 5-4-3 所示。

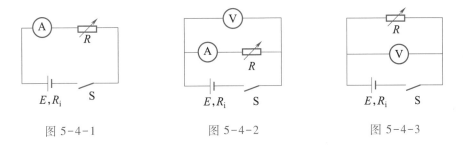

图 5-4-1　　　　　　　图 5-4-2　　　　　　　图 5-4-3

### （三）测量电动势和内阻的数据处理方法

（1）代数法

$E=U_1+I_1R_i$,$E=U_2+I_2R_i$,求出 $E$、$R_i$。多求几组,分别计算平均值就是电源的电动势和内阻。

（2）图像法

由 $U=E-IR_i$ 可知,直线在 $U$ 轴上的截距就是电源电动势 $E$,在 $I$ 轴上的截距,就相当于电路短路时的电流 $I=\dfrac{E}{R_i}$（端电压 $U=0$）的值。图线斜率的绝对值即电源的内阻 $R_i=\left|\dfrac{\Delta U}{\Delta I}\right|$。

## 二、应用实例分析

实例　在用电流表和电压表测量电源的电动势和内阻的实验中,可供选择的器材有：A. 干电池 1 节　B. 电压表（0~3 V）　C. 电流表（0~0.6 A）　D. 电流表（0~3 A）　E. 滑动变阻器（0~1 kΩ）　F. 滑动变阻器（0~20 Ω）　G. 开关、导线若干,其中滑动变阻器应选_____,电流表应选_____。某同学根据实验数据画出的 $U$-$I$ 图像（图 5-4-4）,由图像可得电源的电动势为_____V,内阻为_____Ω。

分析:直线在 $U$ 轴上的截距就是电源电动势 $E$,在 $I$ 轴上的截距,就相当于电路短路时电流 $I$ 的值。利用 $R_i = \left| \dfrac{\Delta U}{\Delta I} \right|$ 求出电源的内阻 $R_i$。电源电动势 $E$ 为 1.5 V,电源的内阻 $R_i = 1\ \Omega$。

解:$F$,$C$,1.5 V,1 $\Omega$。

方法指导:理解 $U\text{-}I$ 图像的含义,利用图像上的截距直接得出电源电动势。

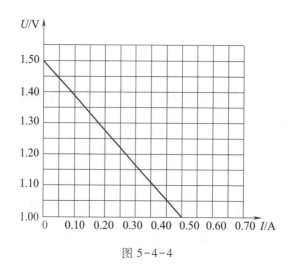

图 5-4-4

### 三、素养提升训练

**1. 填空题**

(1)如图 5-4-5(a)所示,根据全电路欧姆定律 $E =$ ＿＿＿＿＿＿＿＿测量电源电动势和内阻,用＿＿＿＿＿测出电阻两端的电压,用＿＿＿＿＿测出通过电阻的电流。

(2)如图 5-4-5(a)所示,测出了两组对应的电压和电流表示数 $U_1$、$I_1$ 和 $U_2$、$I_2$,求得电源电动势 $E =$ ＿＿＿＿＿＿＿＿,电源内阻 $R_i =$ ＿＿＿＿＿＿＿＿。(用 $R_0$、$U_1$、$I_1$ 和 $U_2$、$I_2$ 表示)

(3)如图 5-4-5(a)所示,本实验的系统误差是由＿＿＿＿＿的＿＿＿＿＿作用引起的,$E$、$R_i$ 测量值＿＿＿＿＿真实值。

*(4)某同学根据图 5-4-5(a)的电路绘出的 $U\text{-}I$ 图像如图 5-4-5(b)所示($U$、$I$ 分别为电压表和电流表的示数),可得出被测电源的电动势 $E =$ ＿＿＿＿＿ V,内阻 $R_i =$ ＿＿＿＿＿ $\Omega$。

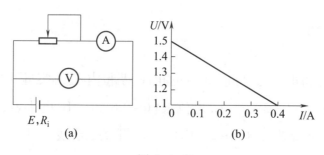

图 5-4-5

*(5) 在做"用电流表和电压表测一节干电池的电动势和内阻"的实验时,使用的电流表量程为 0~0.6 A,电压表量程为 0~3 V,如图 5-4-6 所示,电路中连接了一个定值电阻 $R_0$,增加此电阻的作用是防止变阻器电阻过小时,电池被_____或电流表被_____。

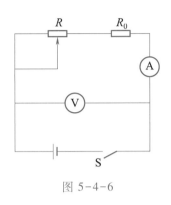

图 5-4-6

**2. 单选题**

(1) 在测量电源电动势和内阻的实验中,关于选择用过一段时间的电池的原因,下列说法不正确的是(    )。

  A. 电池内阻大一些　　　　　　　　B. 测量时相对误差较小

  C. 端电压变化明显　　　　　　　　D. 以上说法都不对

(2) 不能测量电源电动势和内阻的方法是(    )。

  A. 采用一个电流表和一个电阻箱测量

  B. 采用一个电压表、一个电流表和一只滑动变阻器(或电阻箱)测量

  C. 采用一个电压表和一个电阻箱测量

  D. 采用一个电压表、一只滑动变阻器(或电阻箱)测量

(3) 在测量电源电动势和内阻的实验中,数据处理采用图像法,下列说法错误的是(    )。

  A. 以 $U$ 为横坐标,$I$ 为纵坐标建立直角坐标系

  B. 至少测出五组变化范围大的 $U$ 和 $I$ 值的目的是减小误差

  C. 由 $U=E-IR_i$ 可知,直线在 $U$ 轴上的截距就是电源电动势 $E$

  D. 由 $U=E-IR_i$ 可知,在 $I$ 轴上的截距就是短路时通过电源内阻 $R_i$ 的电流

*(4) 关于测量干电池电动势和内阻的实验,下列说法不正确的是(    )。

  A. 在闭合电路前,变阻器滑片应置于阻值最大位置处

  B. 选择阻值较大一点的滑动变阻器可获得变化明显的路端电压

  C. 误差只由电压表的分流作用或电流表的分压作用引起

  D. 每次读完数后立即断电,以免使电动势和内阻发生变化

*(5) 如图 5-4-7 所示,在测量电源电动势和内阻的实验中,关于系统误差的分析正确的是(    )。

  A. 由于电压表的分流作用,测量值都小于真实值

  B. 由于电压表的分流作用,测量值都大于真实值

C. 由于电流表的分压作用,测量值都小于真实值

D. 由于电流表的分压作用,测量值都大于真实值

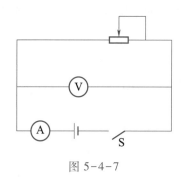

图 5-4-7

*(6) 如图 5-4-8 所示,$E$ 为电源,其内阻为 $r$,L 为小灯泡(其灯丝电阻可视为不变),$R_1$、$R_2$ 为定值电阻,$R_1 > r$,$R_3$ 为光敏电阻,其阻值随光照强度的增加而减小。闭合开关 S 后,若照射 $R_3$ 的光照强度减弱,则(　　)。

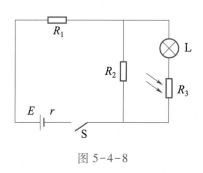

图 5-4-8

A. $R_1$ 两端的电压变大　　　　　　　　　B. 通过 $R_2$ 的电流变大

C. $R_2$ 两端的电压小　　　　　　　　　　D. 内电压增大

# 自我评价反思

针对本主题"素养提升训练"的完成情况,同学们可从核心素养发展、学习行为表现、学习兴趣提升等方面寻找自己的收获与亮点,查找疑惑与不足,并填写表 5-5-1。

表 5-5-1

| 自我评价内容 | 收获与亮点 | 疑惑与不足 |
|---|---|---|
| 物理观念及应用 | | |
| 科学思维与创新 | | |
| 科学实践与技能 | | |
| 科学态度与责任 | | |

## 学业水平测试

（时间：45 min，总分：100 分）

一、填空题（每空 **1** 分，累计 **26** 分）

1. 1911 年，荷兰物理学家昂内斯发现当水银温度低于 4.2 K 时_____突然下降为零，这就是_____现象。

2. 用_____测出电阻丝两端的电压，用_____测出电阻丝中的电流，利用电阻的定义式 $R=$_____计算出其电阻；电阻的决定式 $R=$_____，式中 $\rho$ 称为_____，单位是_____。

3. 不同材料的电阻率不同。一般把 $\rho<10^{-6}\ \Omega\cdot m$ 的物体称为_____，把 $\rho>10^{8}\ \Omega\cdot m$ 的物体称为_____，介于两者之间的物体称为_____。

4. 根据电阻定律，导体在一定温度下，其电阻 $R$ 与长度 $l$ 成_____，与横截面积 $S$ 成_____。

5. 闭合电路中的电流与_____成正比，与_____之和成反比，这就是全电路欧姆定律。表达式 $I=$_____，适用于外电阻是_____的电路。

\*6. 端电压随外电阻的增大而_____，随外电阻的减小而_____。开路时端电压等于_____。外电路短路时电流 $I=$_____。

\*7. 滑动变阻器在电路中可以_____、_____，其工作原理是通过改变连入电路部分_____来改变电阻的。

\*8. 测量电动势和内阻的原理是_____定律，多用表测电阻的原理是_____定律。

二、判断题（每题 **3** 分，累计 **18** 分）

1. 导体的电阻与导体的长度成正比，与导体的横截面积成反比。　　　　　（　　）

2. 导体的电阻与导体两端的电压成正比，与流过导体的电流成反比。　　　（　　）

3. 电源的电动势与电源是否使用、电路连接状态无关。　　　　　　　　　（　　）

4. 用多用表的电阻挡测电阻前必须调零，换挡后必须进行电阻调零。　　　（　　）

\*5. 测量电源电动势和内阻，开关闭合前将变阻器滑片移到阻值最大处。　　（　　）

\*6. 数字多用表测量值为数字显示的读数。　　　　　　　　　　　　　　　（　　）

三、单选题（每题 **6** 分，累计 **36** 分）

1. 由电阻定律 $R=\rho\dfrac{l}{S}$ 可得 $\rho=\dfrac{RS}{l}$，下列说法正确的是（　　　）。

A. $\rho$ 随导体电阻的改变而改变

B. $\rho$ 随导体横截面积的改变而改变

C. $\rho$ 随导体长度的改变而改变

D. $\rho$ 只跟导体材料和温度有关,不随其他因素的改变而改变

2. 下列说法错误的是(　　)。

　A. 电源短路时,电源的端电压等于电动势

　B. 电源短路时,端电压为零

　C. 电源断路时,端电压最大

　D. 电源断路时,电路中电流为零

3. 一根粗细均匀的金属丝原长为 $l$,将其均匀地拉长到原来的 3 倍,则此时金属丝的电阻是原来(　　)。

　A. 9 倍　　　　　B. 6 倍　　　　　C. 3 倍　　　　　D. $\dfrac{1}{3}$

4. 用同样材料制成的两根长度相同的导线,其中一根导线的电阻 $R_1 = 4\ \Omega$,半径 $r_1 = 1\ \text{mm}$;另一根导线的电阻 $R_2 = 16\ \Omega$,则它的半径 $r_2$ 为(　　)。

　A. 0.5 mm　　　　B. 1 mm　　　　C. 2 mm　　　　D. 4 mm

5. 对于同种材料制成的电阻,下列表述正确的是(　　)。

　A. 电压一定,电阻与通过导体的电流成正比

　B. 电流一定,电阻与导体两端的电压成反比

　C. 横截面积一定,电阻与导体的长度成正比

　D. 长度一定,电阻与导体的横截面积成正比

*6. 在如图 5-6-1 所示的电路中,$L_1$、$L_2$ 为两只完全相同、阻值恒定的灯泡,$R$ 为光敏电阻(光照越强,阻值越小),电压表、电流表均为理想电表。闭合开关 S 后,随着光照强度逐渐增强,下列说法正确的是(　　)。

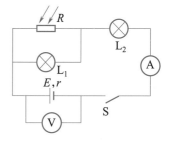

图 5-6-1

　A. 电流表示数逐渐增大

　B. 电压表示数逐渐增大

　C. 灯泡 $L_1$ 逐渐变亮

　D. 内电压减小

四、计算题(每题 10 分,累计 20 分)

1. 一根长 300 m,横截面积是 12.75 $\text{mm}^2$ 的铜导线,当导线中有 20 A 的电流通过时,该导线两端的电压是多少?(已知铜的电阻率为 $1.7\times10^{-8}\ \Omega\cdot\text{m}$)

*2. 如图 5-6-2 所示, 在打开车灯的情况下, 电动机未启动时电流表的示数为 10 A, 若电源电动势为 12.5 V, 内阻为 0.1 Ω, 电动机绕组的电阻为 0.2 Ω, 电流表内阻不计, 求电动机未启动时车灯两端的电压和车灯的总电阻值。

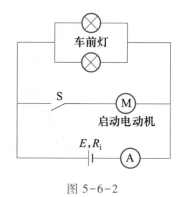

图 5-6-2

# 电与磁及其应用

## 知识脉络思维导图

电与磁及其应用
- ①电场　电场强度
- ②电势能　电势　电势差
- ③磁场　磁感应强度
- ④磁场对电流的作用
- ⑤电磁感应及其应用
- ⑥交流电及安全用电
- ⑦学生实验：制作简易直流电动机

①电场　电场强度
- 电场线
  - 理想化物理模型
  - 始于正电荷，止于负电荷（或无穷远处），或者始于无穷远处，止于负电荷
  - 特点
    - 不相交、不闭合
    - 电场强度大的地方电场线密，电场强度小的地方电场线疏
- 电场强度
  - 公式：$E=\dfrac{F}{q}$（比值定义法）
  - 方向：跟正电荷在该点所受电场力的方向相同
- 匀强电场
  - 各点电场强度的大小和方向都相同
  - 理想化物理模型
  - 电场线是疏密均匀，互相平行的直线
- 静电现象：静电感应、静电平衡

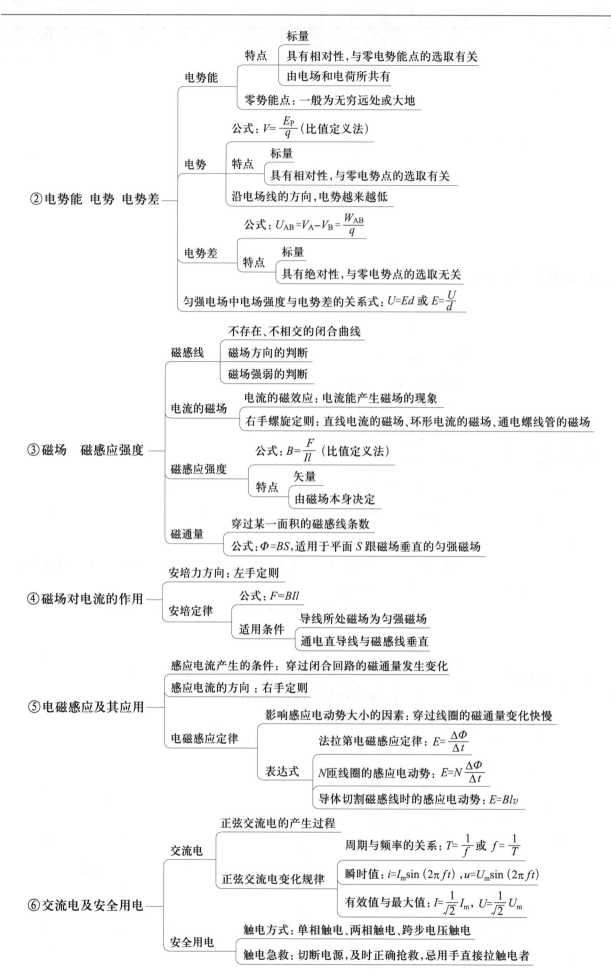

# 第一节　电场　电场强度

## 一、重点难点解析

### （一）电场强度

（1）定义式。$E = \dfrac{F}{q}$,适合于任何电场。定义电场强度用的是比值定义法。

（2）理解。电场强度是描述电场强弱程度的物理量,反映了电场本身力的性质,与放入其中的检验电荷及其所受的电场力无关。

（3）方向。电场强度是矢量,其方向与正电荷在电场中所受的电场力的方向相同。

### （二）电场线

（1）电场很抽象,为了形象和直观地描述电场,我们引入了电场线这个概念。

（2）电场线是理想化的物理模型。

（3）特点。

① 电场线起始于正电荷,终止于负电荷;或者起始于正电荷,终止于无穷远处;或者起始于无穷远处,终止于负电荷。

② 电场线不相交、不闭合。

③ 电场强度大的地方电场线密,电场强度小的地方电场线疏。

### （三）匀强电场

（1）概念。如果在电场中某一区域里,各点电场强度的大小和方向都相同,那么这一区域就称为匀强电场。

（2）匀强电场是理想化的物理模型。

（3）电场线的特点。疏密均匀、互相平行的直线。

### （四）静电感应

（1）概念。静电感应是由于电荷间相互吸引或排斥引起的。当一个带电体靠近导体时,导体中的自由电荷便会移动,使导体靠近带电体的一端带异号电荷,远离带电体的一端带同号电荷。

（2）实质。放在电场中的电荷在电场力的作用下,在物体之间或内部的转移。电荷转移时遵循电荷守恒定律。

### （五）静电平衡

（1）概念。置于电场中的导体内部没有电荷定向移动的一种状态,称为静电平衡。

（2）特点。导体内部没有电荷、电荷只分布在导体外表面,导体内部的电场强度处处为零。

（3）静电屏蔽。金属外壳或金属网罩内的导体不受外界电场的影响,这种现象称为静电屏蔽。

## 二、应用实例分析

**实例 1** 如图 6-1-1 所示,静电喷涂机接高压电源的_____（填"正"或"负"）极,待涂工件接_____（填"正"或"负"）极并接地,在高压电源的作用下,喷枪（或喷盘、喷杯）的端部与工件之间就形成一个静电场,在_____的作用下,带负电的涂料微粒沿着与电场_____（填"相同"或"相反"）的方向向待涂工件高速运动,微粒最后被吸到工件表面,完成喷漆工作。

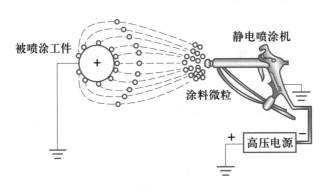

图 6-1-1

分析:静电喷涂是利用高压静电电场,使带负电的涂料微粒沿着与电场相反的方向定向运动,并将涂料微粒吸附在工件表面的一种喷涂方法。

解:负,正,电场力,相反。

**方法指导**:利用电场的基本性质分析。

**实例 2** 图 6-1-2 所示是静电除尘集尘板与放电极间的电场线,$A$、$B$ 是电场中的两点,则（　　）。

A. $E_A<E_B$,方向相同

B. $E_A<E_B$,方向不同

C. $E_A>E_B$,方向相同

D. $E_A>E_B$,方向不同

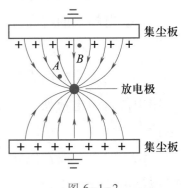

图 6-1-2

分析:根据电场线的疏密表示电场强度的大小,已知 $A$ 处电场线比 $B$ 处密,因此 $E_A>E_B$;由电场强度的方向为电场线上该点的切线方向可知,$A$、$B$ 两点电场强度的方向不同,故 A、B、C 错误,D 正确。

解:选择 D。

**方法指导**:利用电场线的特点进行判断。

## 三、素养提升训练

**1. 填空题**

（1）在电场中画出一系列从_____电荷出发到_____电荷终止的曲线,使曲线上每一点的_____方向都跟该点的_____方向一致,这些曲线就称为电场线。电场线是假想出来的曲线,是_____的物理模型。

（2）在电场中某点,检验电荷所受的_____与它的_____的_____,称为该点的电场强度。定义电场强度用的是_____法。

（3）如果在电场中某一区域里,各点电场强度的大小和方向都_____,这一区域称为_____,它是_____的物理模型。匀强电场的电场线是疏密_____、互相_____的直线。

（4）静电平衡时,导体内部_____（填"有"或"没有"）电荷、电场强度处处为_____,电荷分布在导体的_____。

*（5）一些精密的电表或电子设备外面所套的金属罩、通信电缆外面包的一层铝皮,都是用来防止外界电磁场的干扰,这是利用_____的原理。

*（6）石油化工企业相关设计防火规范规定:汽车罐车、铁路罐车和装卸栈台,应设静电专用接地线。目的是及时引走_____,避免_____积累。

**2. 判断题**

（1）电场对放入其中的电荷产生力的作用。　　　　　　　　　　　　　（　　）

（2）摩擦起电、感应起电、接触起电方式都遵循电荷守恒定律。　　　　（　　）

（3）电场线是带电粒子的运动轨迹。　　　　　　　　　　　　　　　　（　　）

（4）电场强度的方向跟电荷在该点所受的电场力的方向相同。　　　　　（　　）

*（5）工厂里靠近传送带的工人经常受到电击是因为发生了静电感应。　　（　　）

*（6）两块面积较大、彼此又靠得很近的金属板,分别带上等量异种电荷后,在两板间形成的电场可看作匀强电场。　　　　　　　　　　　　　　　　　　　　（　　）

**3. 单选题**

（1）电场强度的定义式为 $E=\dfrac{F}{q}$,下列说法正确的是（　　）。

　　A. 电场强度与电场力成正比

　　B. 电场强度与检验电荷量成反比

　　C. 电场强度与检验电荷无关

　　D. 只适用于匀强电场

（2）下列关于电场线的说法错误的是（　　）。

　　A. 电场线的疏密程度形象地描述了电场的强弱

B．电场线是假想的曲线

C．电场线是不相交、闭合的曲线

D．电场线可以用实验模拟出来

（3）在专门运输柴油、汽油的油罐车尾部拴一条接地铁链的目的是（　　）。

  A．引走静电,避免电荷积累    B．达到静电平衡

  C．静电屏蔽        D．避免发生触电

（4）在野外,三条高压输电线的上方,有两条导线与大地相连,这样做的目的是（　　）。

  A．保证输电线牢固

  B．减少线路热量损耗

  C．形成金属网将高压线屏蔽起来,免遭雷击

  D．提高输电效率

（5）利用静电的有关知识分析,下列说法正确的是（　　）。

  A．打雷时,待在汽车里比待在木屋里危险

  B．潮湿的天气更能做好静电实验

  C．用金属制作汽油桶,可以及时将产生的静电导走

  D．地毯中夹有一定的不锈钢丝导电纤维,起到静电屏蔽的作用

*（6）下面不属于静电屏蔽的应用的是（　　）。

  A．超高压带电作业工人穿戴的工作服

  B．高压设备外围的金属栅

  C．科技馆里的法拉第笼

  D．避雷针

*（7）2015 年某加油站,一女子在加油站油箱口附近拉扯了一下衣服,随后将手伸向加油枪,瞬间油箱口连接处冒出火球。如果司机或工人提加油枪前触摸一下加油站里的静电释放器（图 6-1-3）,这种事故就不会发生,这是因为触摸静电释放器可以（　　）。

图 6-1-3

  A．使手润滑      B．产生静电

  C．使手干燥      D．释放身上的静电

**4. 实践题**

尝试用带电橡胶棒靠近但不接触细水流,认真观察发生的现象,与同学讨论发生该现象的原因。

*5. 简答题

生活中的穿衣、脱衣、运动等动作均能产生静电,生产中的搅拌、冲击、挤压、切割等活动也能产生静电,尤其在易燃易爆环境中产生的静电危害更大。查阅资料,谈谈消除静电危害的防护措施有哪些。

## 第二节　电势能　电势　电势差

### 一、重点难点解析

（一）电势能

（1）概念。电荷 $q$ 在电场中具有的能量称为电势能。

（2）特点。电势能是标量,具有相对性（与零电势能点的选取有关）,是电场和电荷所共有的。

（二）电势

（1）定义式。$V = \dfrac{E_\mathrm{p}}{q}$,是应用比值定义法定义的。电场中某点的电势大小由电场本身的性质决定,与检验电荷无关。

（2）特点。

① 电势是标量。

② 具有相对性:与零电势点的选取有关。

（3）电势高低的一种判断方法。沿电场线方向,电势越来越低。

（三）电势差

（1）公式。$U_\mathrm{AB} = V_\mathrm{A} - V_\mathrm{B}$, $U_\mathrm{AB} = \dfrac{W_\mathrm{AB}}{q}$。

（2）特点。

① 电势差是标量。

② 具有绝对性,与零电势点的选取无关。

（四）匀强电场中电场强度与电势差的关系

公式。$U = Ed$, $E = \dfrac{U}{d}$。

注意:公式中的 $d$ 是沿电场强度方向两点间的距离。

### 二、应用实例分析

**实例 1**　设某次雷击时释放出的能量约为 $3.2 \times 10^6$ J,假若从云层移向木屋的电量为 32 C,则云层与木屋间的电势差为多少?

分析:在电场强度为 $E$ 的匀强电场中,正电荷 $q$ 沿电场方向移动时,电场力做功 $W = qU$,可

推出 $U = \dfrac{W}{q}$。

解:由题意得,云层与木屋之间的电势差为

$$U = \frac{W}{q} = \frac{3.2 \times 10^6}{32} \, \text{V} = 1.0 \times 10^5 \, \text{V}$$

方法指导:利用 $U = \dfrac{W}{q}$ 求得。

实例 2  若细胞膜的厚度等于 $7.0 \times 10^{-7}$ m,当细胞膜的内外层之间的电压达到 0.4 V 时,即可让一价钠离子渗透。设细胞膜内外层之间的电场为匀强电场,则钠离子在渗透时细胞膜内外层之间的电场强度为多少?

分析:已知细胞膜的厚度及其内外层之间的电压,求细胞膜内外层之间的电场强度。

解:由题意得,细胞膜内外层之间的电场强度为

$$E = \frac{U}{d} = \frac{0.4}{7.0 \times 10^{-7}} \, \text{V/m} \approx 5.7 \times 10^5 \, \text{V/m}$$

方法指导:由匀强电场中电势差与电场强度的关系 $E = \dfrac{U}{d}$ 可直接求得。

## 三、素养提升训练

**1. 填空题**

(1)电荷 $q$ 在_____中具有能量,称为电势能。电势能具有相对性,与_____的选取有关;电势能也具有系统性,是_____和_____所共有的。

(2)把点电荷在电场中某点所具有的_____与它的_____的比值,称为该点的电势。这种方法是_____定义法。电势与_____的选取有关。

(3)电场中任意两点的_____之差,称为这两点的电势差。电势差就是人们常说的_____。电势差与零电势点的选取_____(填"有关"或"无关")。

(4)沿电场线的方向,电势越来越_____。

*(5)小鸟安然无恙地站在裸露的电线上是由于小鸟两腿之间距离小,电势差_____(填"大"或"小")。空中的闪电是由于云层中所带电荷和地面之间存在的电势差非常_____所致(填"大"或"小")。

*(6)武当山峰巅的金殿本身是一个庞大的金属导体,相当于一个法拉第笼,金殿电势_____,任意两点的电势差为_____,形成"雷火炼殿"的奇观而又不被雷击。

**2. 判断题**

(1)电势和电势能都有正、负之分,所以是矢量。 ( )

(2)电场中电势为零,电场强度一定为零。 ( )

（3）在电势高处电荷具有的电势能一定大。 　　　　　　　　　　　　　　　（　　）

（4）电场强度的两个单位 N/C 和 V/m 是相同的。 　　　　　　　　　　　　（　　）

*（5）匀强电场中垂直于电场强度方向移动电荷,电场力不做功。 　　　　　（　　）

*（6）在雨天可以在汽车里避雨,是因为汽车是个等势体。 　　　　　　　　（　　）

3. 单选题

（1）下列关于电势和电势差的说法正确的是(　　　)。

    A. 电势差是绝对的,与零电势点的选取无关

    B. 都是标量,具有相对性

    C. 电势高处电势能大

    D. 电场中某点的电势大,电势差一定大

（2）下列关于 $U_{AB}=Ed$ 的说法正确的是(　　　)。

    A. $A$、$B$ 两点间的距离越大,则这两点的电势差越大

    B. 任意两点间的电势差等于电场强度和这两点间距离的乘积

    C. $d$ 是匀强电场中沿电场方向 $A$、$B$ 两点间的距离

    D. $d$ 是匀强电场中任意 $A$、$B$ 两点间的距离

（3）沿匀强电场的电场线方向上依次有 $A$、$B$ 两点,下列说法正确的是(　　　)。

    A. $E_A=E_B$,$V_A=V_B$                 B. $E_A=E_B$,$V_A>V_B$

    C. $E_A<E_B$,$V_A<V_B$                 D. $E_A>E_B$,$V_A>V_B$

（4）关于电场力做功与电势能变化的关系,下列说法错误的是(　　　)。

    A. 功是能量转化的量度,关系式为 $W_{AB}=E_{PA}-E_{PB}$

    B. 电场力做正功,电势能减少

    C. 电场力做负功,电势能增加

    D. 电场力做功不能引起电势能变化

（5）在电场中,当电荷量为 $3\times10^{-6}$ C 的正电荷从 $A$ 点移动到 $B$ 点的过程中,电场力做功 $6\times10^{-5}$ J,下列说法错误的是(　　　)。

    A. 若 $B$ 点为零势能点,则电荷在 $A$ 点的电势能为 $6\times10^{-5}$ J

    B. 电荷在 $B$ 处将具有 $6\times10^{-5}$ J 的动能

    C. 电荷的电势能减少了 $6\times10^{-5}$ J

    D. 电荷的动能增加了 $6\times10^{-5}$ J

*（6）下列关于防雷常识的说法错误的是(　　　)。

    A. 雷雨时站在高大建筑物附近或孤立大树下

    B. 雷雨时人尽量待在最低处,也可躲在汽车里避雨

    C. 双脚尽量合拢站立或蹲下,防止跨步电压触电

    D. 不要进入水中,不手持金属体高举头顶,以防雷击

*(7) 如图 6-2-1 所示,正电荷、负电荷分别从电场中的 $A$ 点移动到 $B$ 点,其电势能变化分别为(    )。

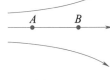

图 6-2-1

　　A. 增加,增加　　　　　　　　B. 增加,减少

　　C. 不变,不变　　　　　　　　D. 减少,增加

4. 计算题

(1) 空气中的负离子对人的健康极为有益,电晕放电法是人工产生负离子的最常见方法。如图 6-2-2 所示,在一排针状负极和环形正极之间加上 5 000 V 左右的直流高压电,使空气发生电离产生负氧离子,负氧离子能使空气清新。设针状负极与环形正极间的距离为 5 mm,且视为匀强电场,求电场强度 $E$ 和电场对负氧离子的作用力 $F$。

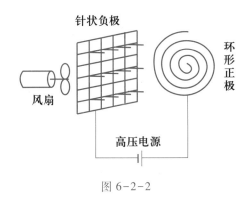

图 6-2-2

*(2) 电鳗是放电能力最强的淡水鱼类,电鳗的头尾相当于两个电极,在海水中产生的电场强度可达 1 000 V/m(可视为匀强电场)。设在某次捕食时,电鳗头尾间距为 60 cm,则电鳗在放电时产生的瞬间电压为多少?

### 四、技术中国

#### 仿电鳗的可拉伸发电机

电鳗被称为水中的"高压线",也被称为"移动的发电站"。电鳗从头到尾都有发电细胞,每个细胞能够放电 0.15 V,当所有的细胞层层叠叠串联起来后,电压就能达到 300~800 V。电鳗的发电器官分布在身体两侧的肌肉内。其身体的尾端为正极,头部为负极,电流从尾部流向头部。电鳗产生的电流一般在 1 A 左右(人类的安全电流是 0.01 A),足以击昏人类、天敌或者猎物。

受电鳗启发,我国科学家研制了一种仿电鳗的可拉伸发电机,可产生高达 10 V 的开路电压。请查阅资料,谈谈还有哪些仿生发明,有什么启示?

## 第三节　磁场　磁感应强度

### 一、重点难点解析

**（一）磁感线**

（1）磁感线是为了将抽象的磁场形象化、直观化而引入的。磁感线上每一点的切线方向与该点的磁场方向一致。

（2）磁感线是理想化的物理模型。

（3）特点。

① 磁感线是不相交的闭合曲线。

② 磁感线的疏密，反映了磁场的强弱。磁感线密的地方，磁场强；磁感线疏的地方，磁场弱。

③ 靠近磁极的地方，磁场较强；远离磁极的地方，磁场较弱。

**（二）右手螺旋定则（表6-3-1）**

表6-3-1

| 电流类型 | 磁感线特点 | 判断方法 |
|---|---|---|
| 直线电流 | 磁感线是垂直于通电直导线的平面内的一系列同心圆，越靠近直导线磁感线越密 | 用右手握住直导线，让垂直于四指的拇指指向电流方向，弯曲的四指所指的方向，就是磁感线的方向 |
| 环形电流 | 中央轴线上的磁感线与环形电流所在的平面垂直 | 用右手握住圆环，让弯曲的四指指向电流方向，则与四指垂直的大拇指所指的方向，就是圆环内磁感线的方向 |

续表

| 电流类型 | 磁感线特点 | 判断方法 |
|---|---|---|
| 通电螺线管 | 内部的磁感线与其轴线平行,和外部磁感线形成闭合的曲线。长直通电螺线管内部的磁场可以近似视为匀强磁场 | 用右手握住螺线管,让弯曲的四指指向电流方向,与四指垂直的拇指所指的方向,就是通电螺线管内部磁感线的方向 |

### (三)磁感应强度

(1)概念。在磁场中垂直于磁场方向的通电导线,所受的磁场力 $F$ 跟电流 $I$ 和导线长度 $l$ 的乘积 $Il$ 的比值,称为通电导线所在处的磁感应强度。

(2)定义式。$B = \dfrac{F}{Il}$(比值定义法)。

(3)定义式中,磁感应强度 $B$ 的大小是由磁场本身决定的,而与 $F$、$I$、$l$ 均无关。使用定义式时,通电导线必须垂直于磁场方向。

### (四)匀强磁场

(1)概念。在磁场中的某一区域,如果各处磁场的强弱和方向都相同,这个区域的磁场就称为匀强磁场。

(2)匀强磁场是理想化的物理模型。

(3)特点。匀强磁场的磁感线是疏密均匀、互相平行的直线。

### (五)磁通量

(1)概念。穿过某一面积的磁感线条数,称为穿过该面积的磁通量。

(2)定义式。$\varPhi = BS$,式中线圈平面与磁场方向垂直,$B$ 为匀强磁场的磁感应强度。

(3)磁通量的计算。匀强磁场中,当 $B$ 与 $S$ 垂直时(图6-3-1),穿过该平面的磁感线最多,磁通量最大;当 $B$ 与 $S$ 平行时(图6-3-2),没有磁感线穿过该平面,$\varPhi = 0$。

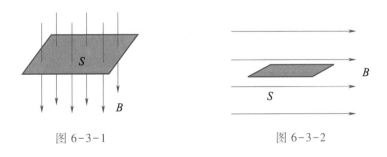

图6-3-1　　　　　　　　图6-3-2

## 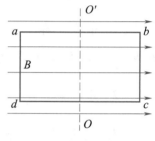 二、应用实例分析

**实例 1** 若有一束带正电的离子,沿水平方向飞过如图 6-3-3 所示小磁针的正上方,当速度方向与小磁针方向平行时,能使小磁针的 N 极转向读者,那么它是向什么方向飞行的? 如果这束带电粒子是负离子,则又是向什么方向飞行的?

图 6-3-3

分析:带电粒子沿水平方向飞过小磁针上方,并与小磁针方向平行,使小磁针的 N 极转向读者,则已知电流的磁场在小磁针所在处是垂直于纸面指向读者的,根据安培定则可知,电流的方向水平向左。

解:如果这束带电粒子是正离子,则向左飞行;如果是负离子则向右飞行。

方法指导:利用安培定则和已知磁场方向判断电流方向。

**实例 2** 如图 6-3-4 所示,矩形线圈的匝数 $N = 100$ 匝,$ab = 30$ cm,$ad = 20$ cm,匀强磁场的磁感应强度 $B = 0.5$ T,绕轴 $OO'$ 从图示位置开始匀速转动。

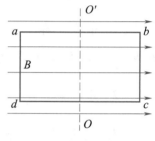

图 6-3-4

(1)线圈转到什么位置时,穿过线圈的磁通量达到最大值? 最大值为多大?

(2)线圈转到什么位置时,穿过线圈的磁通量最小?

分析:本题可在了解磁通量物理意义的基础上,利用其定义式直接求出。应该注意的是磁通量与线圈的匝数无关。

解:当线圈平面与磁感线垂直时,穿过线圈的磁通量最大

$$\Phi = BS = 0.5 \times 0.3 \times 0.2 \text{ Wb} = 0.03 \text{ Wb}$$

当线圈平面与磁感线平行时,穿过线圈的磁通量最小

$$\Phi = 0$$

方法指导:利用磁通量公式直接求解。

## 三、素养提升训练

**1. 填空题**

(1)《淮南子》中记载:"慈石能引铁,及其于铜,则不行也。"说明磁场的基本性质是能对放入其中的磁体产生_____的作用。

(2)为了形象地描绘磁场,我们在磁场中画一些带箭头的曲线,使曲线上每一点的_____方向跟该点的_____方向一致,这些曲线就称为磁感线。它是_____的物理模型。

(3)在磁场中_____于磁场方向的通电导线,所受的磁场力 $F$ 跟_____和_____的乘积 $Il$ 的_____,称为通电导线所在处的磁感应强度。这种定义物理量的方法是_____

定义法。

（4）穿过某一面积的磁感线条数,称为穿过该面积的_____。在国际单位制中,磁通量的单位是_____。

*（5）在磁场中的某一区域,如果各处磁场的强弱和方向都_____,这个区域的磁场就称为匀强磁场。它是_____物理模型。匀强磁场的磁感线也是疏密_____、互相_____的直线。

*（6）电磁继电器控制电路的好处是用低电压控制_____,实现_____控制和_____控制。

**2. 判断题**

（1）电流能产生磁场的现象称为电流的磁效应。　　　　　　　　　　（　　）

（2）右手定则能判断直线电流、环形电流及通电螺线管的磁场方向。　　（　　）

（3）磁场中某一点的磁感应强度的方向就是该点的磁场方向。　　　　（　　）

（4）相距很近的异名磁极间、通电螺线管内部的磁场都可看作匀强磁场。　（　　）

*（5）穿过某一面积的磁通量为零,该处磁感应强度不一定为零。　　　（　　）

*（6）磁悬浮原理利用的是同名磁极相互排斥的性质。　　　　　　　（　　）

**3. 单选题**

（1）军舰长期被地球磁场磁化后变成一个浮动的磁体,当军舰接近磁性水雷时,使磁性水雷内控制引爆电路的小磁针绕轴转动,引起水雷爆炸,其原理是（　　）。

　　A. 磁体的吸铁性　　　　　　　　　B. 电流间的相互作用规律

　　C. 磁场对电流的作用原理　　　　　D. 磁极间的相互作用规律

（2）下列关于磁感线的说法正确的是（　　）。

　　A. 磁感线是客观存在的曲线

　　B. 磁感线起始于磁铁的 N 极,终止于 S 极

　　C. 磁感线的疏密程度反映磁场的强弱

　　D. 空间任意两条磁感线可以相交或相切

（3）关于磁感应强度的定义式 $B=\dfrac{F}{Il}$,下列说法错误的是（　　）。

　　A. $B$ 与 $F$ 成正比,与 $Il$ 成反比

　　B. 导线必须垂直于磁场方向放置

　　C. $B$ 的大小与 $F$、$I$、$l$ 均无关

　　D. 比值 $\dfrac{F}{Il}$ 是一个恒量,反映磁场中某处磁场的强弱

（4）下列关于磁通量的说法中正确的是（　　）。

　　A. 穿过某一面积的磁通量为零,该处磁感应强度为零

　　B. 磁场中磁感应强度大的地方,磁通量一定很大

C. 垂直穿过某一面积的磁感线条数,称为穿过该面积的磁通量

D. 穿过某一面积的磁感线条数,称为穿过该面积的磁通量

*(5) 下列关于磁通量公式 $\Phi = BS$ 的说法错误的是(　　)。

A. 适用条件是匀强磁场且磁感线与线圈平面垂直

B. 线圈平面 $S$ 跟磁场方向垂直时,穿过该平面的磁感线最多,磁通量最大

C. 线圈平面 $S$ 跟磁场方向平行时,穿过该平面的磁感线最少,磁通量为零

D. 可计算匀强磁场以任意角度穿过线圈平面的磁通量

*(6) 街道路灯自动控制是电磁继电器的应用之一。图 6-3-5 所示为模拟电路,其中 A 为电磁继电器,B 为照明电路,C 为路灯,D 为光敏电阻(光越强,电阻小),下列说法错误的是(　　)。

A. 白天光照强,光敏电阻变小,电流变大,电磁铁磁性较强,灯不亮

B. 夜晚光照弱,光敏电阻变大,电流变小,电磁铁几乎无磁性,灯亮了

C. 利用了电流的磁效应

D. 利用了电磁感应原理

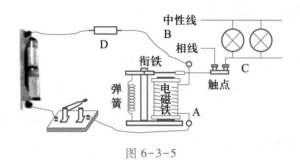

图 6-3-5

**4. 作图题**

(1) 如图 6-3-6(a)所示,当电流通过直导线时,环绕直导线的磁感线方向为逆时针方向。试确定直导线中电流的方向。

(2) 如图 6-3-6(b)所示,当电流通过线圈时,小磁针的 N 极垂直纸面向里。试确定线圈中电流的方向。

(3) 通电螺线管内部小磁针静止时的指向如图 6-3-6(c)所示,试画出电源的正负极。

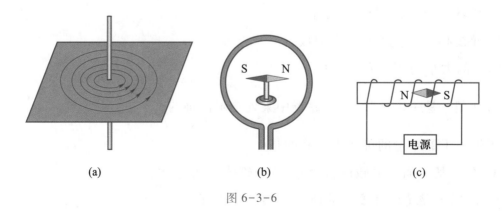

(a)　　　　　　　　　　(b)　　　　　　　　　　(c)

图 6-3-6

\* **5. 简答题**

车辆超载会造成高速公路和大桥的路面结构损坏。请利用压力传感器、电磁继电器（图6-3-7）、信号灯等为某大桥设计一个车辆超重的报警装置。当压力达到设定值时，电磁继电器接通电路，信号灯就发光。与同学讨论，画出设计电路图，并分析其工作原理。

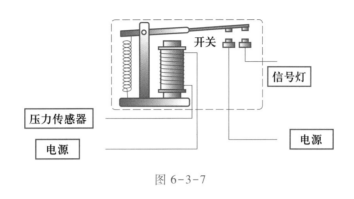

图 6-3-7

## 四、技术中国

### 打破国外技术垄断的高磁导率磁性基板

我国科学家历时 10 余年，研发出一种高磁导率磁性基板。其尺寸仅有名片大小，薄如蝉翼，但磁导率高、厚度薄、阻抗匹配效果好。将它切分组装在手机背面摄像头附近，可保障手机在复杂环境下仍能正常传输天线信号。目前，该基板已被广泛应用于近场通信、无线充电、抗电磁干扰、可穿戴柔性电子技术等领域。

## 第四节　磁场对电流的作用

一、重点难点解析

**（一）安培力**

概念。磁场对通电导体的作用力称为安培力。

**（二）安培力的方向**

（1）影响安培力方向的因素。磁场方向和电流方向。

（2）判定方法。左手定则,示意图如图 6-4-1 所示。

（3）安培力方向垂直于电流方向和磁场方向决定的平面。

**（三）安培力大小的计算方法——安培定律**

（1）匀强磁场中,当通电直导线与磁感线垂直时,直导线受到的安培力最大,其大小为 $F=BIl$。

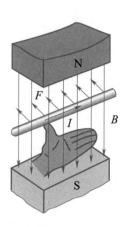

（2）适用条件。导线所处的磁场为匀强磁场且通电直导线与磁感线垂直。

图 6-4-1

（3）探究影响安培力大小的因素,运用控制变量法。

（4）理解。当通电直导线与磁感线垂直时[图 6-4-2(a)],直导线所受的安培力 $F=BIl$;当通电直导线方向跟磁场方向成 $\theta$ 角时[图 6-4-2(b)],直导线所受的安培力 $F=BIl\sin\theta$,介于零和最大值之间;当通电导线方向跟磁场方向平行时,通电导线不受安培力的作用,安培力为零[图 6-4-2(c)]。

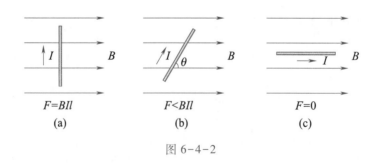

$$F=BIl \qquad\qquad F<BIl \qquad\qquad F=0$$
(a) 　　　　　　　　 (b) 　　　　　　　　 (c)

图 6-4-2

**（四）直流电动机的工作原理**

（1）直流电动机主要由转子、换向器和定子三部分组成。

（2）换向器的作用。使线圈转到平衡位置时,电流方向发生改变,从而使线圈所受磁力矩的方向始终相同,确保线圈不断地旋转。

（3）工作原理。通电线圈在磁场中受到力的作用。

## 二、应用实例分析

**实例**　如图 6-4-3 所示,一只磁电式电流表,线圈长为 2.0 cm,匝数为 250 匝,线圈所在处均匀辐向分布的磁场的磁感应强度为 0.2 T。当通入电流为 0.2 A 时,作用在线圈上的安培力的大小为多少?

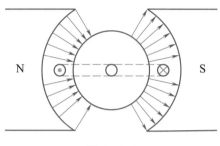

图 6-4-3

**分析**:磁电式仪表是应用通电线圈在磁场中受磁力矩作用发生偏转的原理制成的。已知磁感应强度 $B=0.2$ T、电流 $I=0.2$ A、线圈长 $l=2.0$ cm $=0.02$ m,可利用 $F=BIl$ 求安培力 $F$。磁场方向向右,线圈左边电流垂直纸面向外,线圈右边电流垂直纸面向里,可利用左手定则判断线圈的转动方向。

**解**:磁感应强度 $B=0.2$ T、电流 $I=0.2$ A、线圈长 $l=2.0$ cm $=0.02$ m,作用在线圈上的安培力大小为

$$F=NBIl=250×0.2×0.2×0.02 \text{ N}=0.2 \text{ N}$$

根据左手定则,左边所受安培力的方向竖直向上,右边所受安培力的方向竖直向下,线圈顺时针方向转动。

**方法指导**:根据安培定律表达式 $F=BIl$ 计算。利用左手定则判断安培力的方向,从而确定线圈的转动方向。

## 三、素养提升训练

**1. 填空题**

(1) 磁场对通电导体的作用力称为_____。

(2) 运用左手定则时,伸开_____手,使拇指与四指在_____内且互相_____,让磁感线垂直穿入_____,四指指向_____的方向,则拇指方向就是通电导线_____的方向。

(3) 探究影响安培力大小的因素的实验中,保持 $I$、$l$、$B$ 中任意两个量不变,研究 $F$ 与第三个因素的关系,这种方法是_____法。

(4) _____磁场中,当通电直导线与磁感线_____时,直导线受到的安培力最大,其大小为导线中的_____、导线的_____、_____这三者的乘积,这就是安培定律。

（5）在匀强磁场中通电直导线与磁感线垂直时受到的安培力大小 $F=$ _____。通电直导线与磁感线平行时，安培力 $F=$ _____。当通电导线方向跟磁场方向成 $\theta$ 角时，安培力 $F=$ _____。

（6）直流电动机主要由_____、_____和_____三部分组成。

*（7）平行通电直导线间的相互作用是通过_____发生的，同向电流相互_____，反向电流相互_____。

*（8）在赤道上空，水平放置一根通以由西向东的电流的直导线，则此导线受到_____方向的安培力。

2. 判断题

（1）科技馆里的电磁秋千能自动前后摆动是因为受到安培力的作用。　　　　　　（　　）

（2）无论何种情况，电流受到的安培力大小均为 $F=BIl$。　　　　　　（　　）

（3）通电导线在磁场中一定会受到安培力的作用。　　　　　　（　　）

（4）换向器的作用是使线圈每到平衡位置，电流方向就发生改变。　　　　　　（　　）

*（5）电动机的线圈转动一圈，电流改变两次。　　　　　　（　　）

*（6）安培力的方向一定与电流方向、磁场方向均垂直。　　　　　　（　　）

3. 单选题

（1）下列说法中正确的是（　　　）。

　　A. 安培定律适用于匀强磁场且通电直导线与磁感线垂直

　　B. 安培力的大小只与磁场强弱有关

　　C. 安培力的方向用安培定则判断

　　D. 安培力的大小与通电导线方向跟磁场方向所成的夹角无关

（2）用一根导线绕制螺线管，每匝线圈之间存在一定的空隙，将螺线管水平放置，在通电的瞬间，可能发生的情况是（　　　）。

　　A. 伸长　　　　　　B. 弯曲　　　　　　C. 缩短　　　　　　D. 转动

（3）2018 年中国电磁炮上舰实验成功。弹头在安培力的推动下以一定的速度射出，在此过程中，若安培力为恒力，且忽略空气阻力，则为提高弹丸速度，可适当（　　　）。

　　A. 增大轨道的长度　　　　　　　　B. 增大弹丸的质量

　　C. 减小轨道中的电流　　　　　　　　D. 减小平行轨道间距

（4）如图 6-4-4 所示，在蹄形磁铁磁极的正上方水平放置一根可自由转动的通电直导线 AB（用弹性细绳悬于 O 点），当通以水平向左的电流时，导线的运动情况是（从上往下看）（　　　）。

　　A. 逆时针转动，同时下降

　　B. 逆时针转动，同时上升

　　C. 顺时针转动，同时上升

　　D. 顺时针转动，同时下降

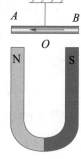

图 6-4-4

*（5）如图 6-4-5，在一个蹄形电磁铁两个磁极的正中间放置一根长直导线，当导线中通有垂直于纸面向里的电流 $I$ 时，导线所受安培力的方向为（　　）。

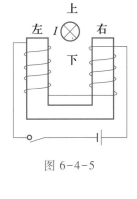

图 6-4-5

  A. 向上

  B. 向下

  C. 向左

  D. 向右

*（6）如图 6-4-6 所示，通电直导线与通电圆形导线环固定放在同一水平面上，则（　　）。

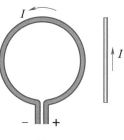

  A. 直导线受到的安培力大小为零

  B. 直导线受到的安培力大小不为零，方向水平向右

  C. 导线环受到的安培力的合力大小为零

  D. 导线环受到的安培力的合力大小不为零，其方向水平向右

图 6-4-6

**4. 计算题**

（1）电磁炮是利用电磁力对弹体加速的新型武器。2018 年，我国成功将质量为 50 g 的电磁炮弹加速到 2.6 km/s，原理如图 6-4-7 所示。如果在导轨间有竖直向上的匀强磁场，磁感应强度 $B = 55$ T。若轨道宽为 2 m，通过的电流为 10 A，不计空气阻力和轨道摩擦。试求弹体所受安培力的大小。

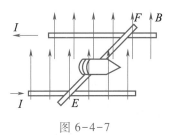

图 6-4-7

（2）如图 6-4-8 所示，一根质量为 20 g、长 40 cm 的导体棒 $MN$，用两根同样长的细线悬挂在磁感应强度为 0.5 T 的匀强磁场中，要使细线对棒的拉力恰好为零，则导体棒 $MN$ 中通入的电流的方向如何？大小等于多少？

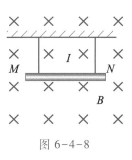

图 6-4-8

**5. 作图题**

图 6-4-9 标出了磁场方向和通电直导线中的电流方向,试标出导线的受力方向,并指出哪种情况下导线不受力。

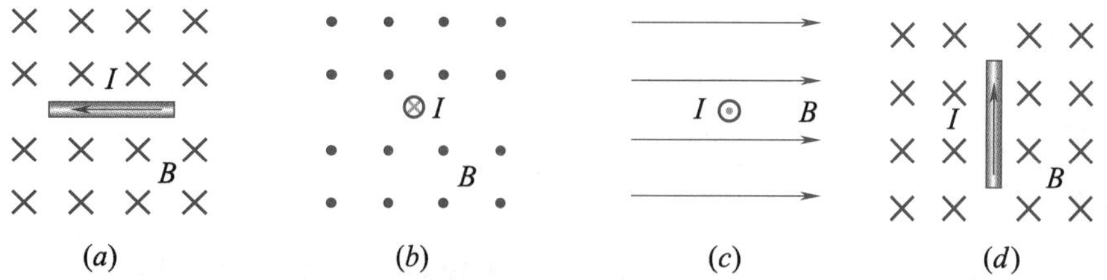

图 6-4-9

**6. 实践题**

尝试利用一根足够长的铜线、一块电池、两块钕铁硼强磁铁制作一个"小火车"。分析电池和强磁铁组成的"小火车"为什么能跑起来(注意电池两端的钕铁硼强磁铁磁极要一样)。

## 四、技术中国

### 领先世界的超导磁流体推进技术

超导磁流体推进技术是近二三十年发展起来的新型船舶舰艇推进技术。该技术采用超导体作为磁场来源,使导电的海水产生电磁力并在通道内流动,以反作用力推动舰船运动。2016年,中国在大型超导磁体上实现了 10 T 的设计指标,标志着中国在超导磁流体推进技术方面世界领先。该技术应用于中国第四代核潜艇,具有空前的安静性和水下高速航行、高速机动能力。

## 第五节　电磁感应及其应用

### 一、重点难点解析

（一）电磁感应

（1）概念。利用磁场使闭合回路中产生感应电流的现象称为电磁感应现象。

（2）产生感应电流的条件。只要穿过闭合回路中的磁通量发生变化,闭合回路中就会产生感应电流。

（二）判定感应电流的方法——右手定则

（1）使用方法如图 6-5-1 所示。

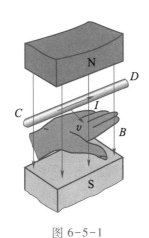

图 6-5-1

（2）右手定则与左手定则的比较,见表 6-5-1。

表 6-5-1

| 比较内容 | 右手定则 | 左手定则 |
| --- | --- | --- |
| 作用方面 | 判断产生的感应电流的方向 | 判断通电导体所受安培力的方向 |
| 因果关系 | 运动→电流 | 电流→运动 |
| 应用实例 | 发电机 | 电动机 |

（三）感应电动势

（1）概念。在电磁感应现象中产生的电动势称为感应电动势。

（2）产生感应电动势的条件。不论回路是否闭合,只要磁通量发生变化,就会产生感应电动势,感应电动势的大小与电路的组成无关。

（3）方向。感应电动势的方向跟感应电流的方向一致,可用右手定则来判断。

## （四）电磁感应定律

（1）感应电动势的大小与穿过线圈的磁通量的变化率成正比,公式为 $E = \dfrac{\Delta \Phi}{\Delta t}$。

（2）法拉第电磁感应定律理解。

① 利用 $E = \dfrac{\Delta \Phi}{\Delta t}$ 求出的感应电动势,是时间 $\Delta t$ 内的平均电动势。在磁通量均匀变化时,瞬时值等于平均值。

② 感应电动势的大小由线圈的匝数 $N$ 和穿过线圈的磁通量的变化率 $\dfrac{\Delta \Phi}{\Delta t}$ 共同决定,而与磁通量 $\Phi$ 的大小、变化量 $\Delta \Phi$ 的大小没有必然联系。$\Delta \Phi$ 的变化可能是由磁场的变化引起的,也有可能是由面积变化引起的,式中 $S$ 为线圈在磁场中的有效面积。

③ 当闭合回路中部分导体切割磁感线时,产生的感应电动势大小为 $E = Blv$。此式适用于匀强磁场且 $B$、$l$、$v$ 三者方向两两垂直。

## 二、应用实例分析

**实例 1**　图 6-5-2 所示为利用无线充电板为手机充电的原理图,当充电板接入交流电源后,充电板内的送电线圈产生交变磁场,当手机靠近时,手机中的受电线圈便产生交变电流,再经整流电路转变成直流电后可对手机电池充电。若设磁感线垂直于受电线圈平面向上穿过线圈,线圈匝数为 $N$,面积为 $S$,在 $t_1$ 到 $t_2$ 的时间内,穿过受电线圈的磁场的磁感应强度大小由 $B_1$ 均匀增加到 $B_2$,求受电线圈内产生的感应电动势的大小。

**分析**:磁通量变化产生感应电动势,可根据 $E = N \dfrac{\Delta \Phi}{\Delta t}$ 来计算。

解:产生感应电动势的大小为

$$E = N \frac{\Delta \Phi}{\Delta t} = N \frac{B_2 - B_1}{t_2 - t_1} S$$

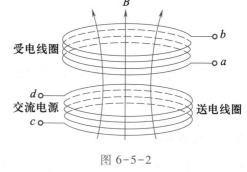

图 6-5-2

**方法指导**:利用法拉第电磁感应定律求解。

**实例 2**　某飞机以 $4.5 \times 10^2$ km/h 的速度自东向西飞行。该机的翼展（两翼尖之间的距离）为 50 m,经过某区域时,该区域地磁场的竖直分量向下,大小为 $4.7 \times 10^{-5}$ T,则飞机两翼尖之间产生的感应电动势为多少? 左、右翼尖的感应电动势哪个高?

**分析**:飞机的翼展在竖直向下的磁场中做切割磁感线运动,假设地磁场的向下分量是匀强磁场,磁感应强度 $B = 4.7 \times 10^{-5}$ T,翼展 $l = 50$ m,速度 $v = 4.5 \times 10^2$ km/h,可利用 $E = Blv$ 来计算感应电动势。由于已知飞机自东向西的运动方向和竖直向下的磁场方向,利用右手定则,可判断出感应电动势的方向。

解:由题意可知

$$v = 4.5 \times 10^2 \ \text{km/h} = 125 \ \text{m/s}$$

飞机两翼尖之间产生的感应电动势的大小为

$$E = Blv = 4.7 \times 10^{-5} \times 50 \times 125 \ \text{V} \approx 0.29 \ \text{V}$$

根据右手定则可以判断出感应电动势的方向是由右侧翼尖到左侧翼尖,所以,左侧翼尖感应电动势高。

方法指导:根据导体切割磁感线时的感应电动势 $E = Blv$ 来计算,根据右手定则判断感应电动势的方向。

## 三、素养提升训练

**1. 填空题**

(1)产生感应电流的条件:回路_____,且穿过回路中的_____发生变化。

(2)磁通量变化的快慢,可以用磁通量的变化量 $\Delta\Phi$ 和发生这个变化所用的时间 $\Delta t$ 的_____来表示,这个比值称为磁通量的_____。

(3)单匝线圈中_____的大小与穿过线圈的磁通量的_____成_____,这就是法拉第电磁感应定律。如果线圈的匝数为 $N$,则线圈中感应电动势的大小为 $E =$_____。

(4)若将金属框垂直放在匀强磁场中(图 6-5-3),其磁感应强度为 $B$,长为 $l$ 的金属棒以速度 $v$ 向右匀速运动,速度方向与磁感线垂直,则导体垂直切割磁感线运动时,产生的感应电动势的大小为 $E =$_____。

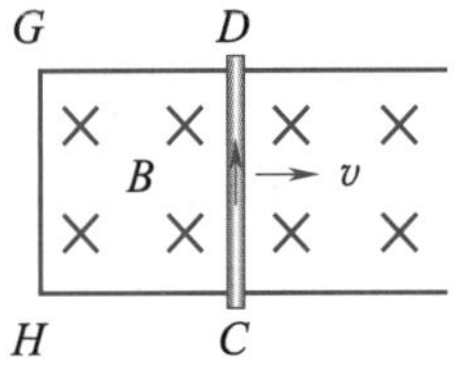

(5)科学研究人员发现一种具有独特属性的新型合金,只要略微提高其温度,就会变成强磁性合金。将线圈套在圆柱形合金材料上组成闭合回路,对合金材料进行加热,线圈中产生_____电流,将_____直接转化为_____。

*(6)高频焊接是利用_____产生热量进行焊接的一种常用方法。

*(7)在山东济南有一条光伏公路,路面上铺设有供电线圈,利用供电线圈可产生强磁场。如果在电动汽车的底盘上安装一个受电线圈,那么,当电动汽车行驶到供电线圈正上方时,供电线圈中的交变电流使受电线圈中产生_____,从而给电动汽车进行无线充电。

图 6-5-3

**2. 判断题**

(1)只要磁通量发生变化,就会产生感应电流。 (　　)

(2)电磁感应现象中,有感应电流产生,则必定有感应电动势存在。 (　　)

(3)产生感应电动势的导线或线圈相当于电源。 (　　)

(4)感应电动势的方向和感应电流的方向都用右手定则来判断。 (　　)

*(5)在电磁感应现象中,能量的相互转化不符合能量守恒定律。 (　　)

*(6)电路中产生的感应电动势与电路的通断无关。 (　　)

**3. 单选题**

（1）当线圈中的磁通量发生变化时,则(　　)。

　　A. 线圈中一定有感应电流

　　B. 线圈中一定有感应电动势

　　C. 感应电动势的大小与线圈匝数无关

　　D. 感应电动势的大小与线圈的电阻有关

（2）如图 6-5-4 所示,线框 abcd 的平面和磁感线方向平行,下列情况可使线框中产生感应电流的是(　　)。

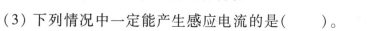

图 6-5-4

　　A. 在磁场内线框沿磁感线方向运动

　　B. 在磁场内线框垂直磁感线方向运动

　　C. 线框以 bc 边为轴由前向上转动

　　D. 线框以 cd 为轴由前向右转动

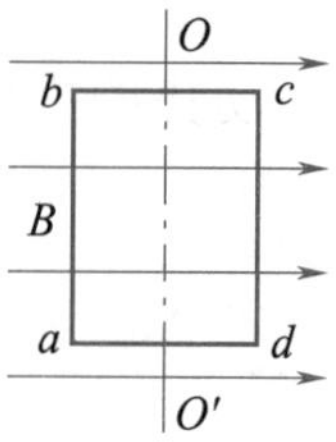

（3）下列情况中一定能产生感应电流的是(　　)。

　　A. 线圈在匀强磁场中平动

　　B. 线圈在磁场中转动

　　C. 使穿过闭合回路的磁通量发生变化

　　D. 导体与磁场间有相对运动

（4）导体在磁场中做切割磁感线运动时,导体中一定会(　　)。

　　A. 受到安培力　　　　　　　　B. 有感应电流

　　C. 产生感应电动势　　　　　　D. 有磁通量变化

（5）将一块磁铁缓慢地或迅速地插到闭合线圈中同样位置处,不发生变化的物理量有(　　)。

　　A. 磁通量变化率　　　　　　　B. 感应电流大小

　　C. 磁通量的变化量　　　　　　D. 感应电动势

（6）闭合回路中感应电动势的大小与穿过这一闭合回路的(　　)有关。

　　A. 磁感应强度的大小　　　　　B. 磁通量的大小

　　C. 磁通量的变化大小　　　　　D. 磁通量的变化率

（7）由 $E=\dfrac{\Delta\Phi}{\Delta t}$ 可知,闭合回路中感应电动势的大小跟穿过这一闭合回路的(　　)成正比。

　　A. 磁通量　　　　　　　　　　B. 磁通量的变化

　　C. 磁通量的变化率　　　　　　D. 磁感应强度

*（8）下列与电磁感应无关的是(　　)。

　　A. 真空电磁悬浮熔炼　　　　　B. 电磁流量计

　　C. 高频焊接　　　　　　　　　D. 电磁继电器

**4. 计算题**

（1）在一个磁感应强度为 0.5 T 的匀强磁场中，放置一个面积为 100 cm$^2$、匝数为 100 匝的线圈。在 0.1 s 内把它从平行于磁场方向的位置转过 90°，变成垂直于磁场方向，求线圈中的平均感应电动势。

*（2）如图 6-5-5 所示，可动金属棒 CD 长 0.2 m，在外力 F＝0.15 N 的作用下，向右匀速滑动。已知磁感应强度 B＝0.5 T，外电阻 R＝0.2 Ω，其他电阻不计。问：① CD 棒中的感应电流方向如何？ C、D 两端哪端电势高？ ② CD 棒中感应电流和感应电动势的大小分别是多少？ ③ CD 棒运动的速率是多少？

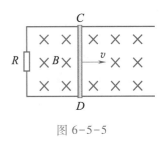

图 6-5-5

**5. 实践题**

电磁炉可以对外产生变化的磁场，尝试将一个灯泡与导线构成回路，放在电磁炉上，在打开、关闭电磁炉时，灯泡会发光吗？ 为什么？

*6. 简答题

电磁流量计是一种测量导电性液体的仪表，它可以应用于脏污流、腐蚀流等其他流量计不易测量的场合。查阅资料，简述电磁流量计的工作原理。

## 第六节 交流电及安全用电

一、重点难点解析

**（一）正弦交流电的产生过程**

（1）概念。交流电是指大小和方向都随时间周期性变化的电流。如果电流和电压的变化是随时间按正弦函数规律变化的,这样的交流电称为正弦交流电。

（2）产生条件。当发电机的矩形线圈在匀强磁场中匀速转动时,穿过线圈的磁通量随时间交替变化,产生的感应电流就是正弦交流电。

（3）中性面。在线圈平面垂直于磁感线时,各边都不切割磁感线,线圈中没有感应电流,这样的位置称为中性面。

① 线圈经过中性面时,穿过线圈的磁通量最大,但磁通量的变化率为零,故线圈中的感应电动势为零,感应电流为零。

② 线圈每经过一次中性面,感应电流方向就改变一次,线圈转动一周,两次通过中性面,因此感应电流方向改变两次。

**（二）正弦交流电变化规律**

（1）周期和频率。

① 概念:电流和电压完成一次周期性变化所需的时间称为交流电的周期,电流和电压在 1 s 内完成周期性变化的次数称为交流电的频率。

② 周期和频率的关系:$T = \dfrac{1}{f}$ 或 $f = \dfrac{1}{T}$。

（2）瞬时值、有效值。

① 瞬时值:在任一时刻,电流 $i$ 或电压 $u$ 的数值。

② 最大值:电流 $i$ 或电压 $u$ 所能达到的最大值分别用 $I_m$ 或 $U_m$ 表示。

③ 有效值:有效值是根据电流热效应来规定的。让交流电和直流电通过相同阻值的电阻,如果它们在交流电的一个周期内产生的热量相等,那么这个直流电的数值就称为交流电的有效值。利用了等效的思想。

④ 正弦交流电的有效值与最大值的关系:$I = \dfrac{1}{\sqrt{2}}I_m \approx 0.707 I_m$,$U = \dfrac{1}{\sqrt{2}}U_m \approx 0.707 U_m$。

二、应用实例分析

实例 图 6-6-1 所示是某种正弦交变电压的波形图,求该电压的最大值、有效值、周期、频率。

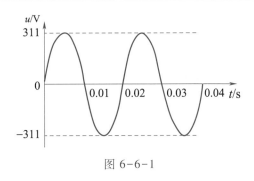

图 6-6-1

分析：利用图 6-6-1，可以看出电压最大值为 311 V，周期为 0.02 s，根据正弦交流电的有效值与最大值、周期和频率的关系，可求得有效值和频率。

解：由图像可知，电压最大值为

$$U_m = 311 \text{ V}$$

周期为

$$T = 0.02 \text{ s}$$

有效值为

$$U = \frac{1}{\sqrt{2}} U_m = \frac{311}{\sqrt{2}} = 220 \text{ V}$$

频率为

$$f = \frac{1}{T} = \frac{1}{0.02} \text{Hz} = 50 \text{ Hz}$$

方法指导：利用 $U = \dfrac{1}{\sqrt{2}} U_m \approx 0.707 U_m$，$f = \dfrac{1}{T}$ 来计算。

## 三、素养提升训练

1. 填空题

（1）在匀强磁场中，矩形线圈绕＿＿＿＿于磁场方向的轴＿＿＿＿转动，矩形线圈中产生的感应电流是＿＿＿＿交流电。

（2）在线圈平面＿＿＿＿于磁感线时，各边都不切割磁感线，线圈中＿＿＿＿（填"有"或"没有"）感应电流，这样的位置称为＿＿＿＿。线圈绕轴转动一周经过中性面＿＿＿＿次，感应电流方向就改变＿＿＿＿次。

*（3）如图 6-6-2 所示，正弦交流电可以运用＿＿＿＿法详细描述交流电的情况。若线圈通过中性面时开始计时，交流电的图像是＿＿＿＿曲线，电流的最大值 $I_m = $ ＿＿＿＿ A，有效值 $I = $ ＿＿＿＿ A，周期 $T = $ ＿＿＿＿ s，频率 $f = $ ＿＿＿＿ Hz。

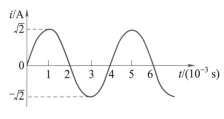

图 6-6-2

（4）交流电的有效值是根据电流_____来规定的。让交流电和直流电通过相同阻值的电阻,如果它们在交流电一个周期的时间内产生的热量_____,就把这个直流电的数值称为这个交流电的_____。这样的思维方法在物理学中称为_____思想。

*（5）触电方式有三种:_____触电、_____触电、_____触电。

*（6）下列几种电流随时间变化的图线中,属于交流电的是_____,属于正弦交流电的是_____。

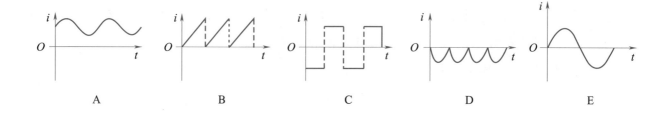

2. 判断题

（1）只要线圈在磁场中匀速转动,就可以产生正弦交流电。 （ ）

（2）当线圈平面与磁场垂直时,线圈中没有感应电流。 （ ）

（3）交流电的有效值是电流 $i$ 或电压 $u$ 在一个周期内的平均值。 （ ）

（4）正弦交流电图像的正负两部分是对称的,所以有效值为零。 （ ）

*（5）当发电机的线圈垂直于中性面时,产生的电流也最大。 （ ）

*（6）导线断落地点的周围地面上分布着不同的电位,人的双脚若同时踩在这样的地面上,易造成跨步电压触电。 （ ）

3. 单选题

（1）在匀强磁场中,矩形线圈绕垂直于磁场方向的轴匀速转动到中性面位置,下列说法中正确的是（ ）。

    A. 穿过线圈的磁通量变化率最大

    B. 线圈中感应电动势为零

    C. 线圈中感应电流达到最大值且方向改变

    D. 磁通量为零

（2）在匀强磁场中,矩形线圈绕垂直于磁场方向的轴匀速转动,当线圈平面与磁场方向平行时,下列说法正确的是（ ）。

    A. 穿过线圈的磁通量变化率为零

    B. 线圈中感应电动势为零

    C. 线圈中感应电流达到最大值且方向不变

    D. 磁通量最大

（3）下列关于交流电的有效值和最大值的叙述中,错误的是（ ）。

    A. 正弦交流电的有效值是最大值的 $\sqrt{2}$ 倍

B. 通常说家庭所用的交流电压 220 V 是指有效值

C. 交流电的电气设备上所标的额定电压和额定电流都是有效值

D. 一般交流电流表和交流电压表测量的数值都是最大值

（4）电冰箱、洗衣机等家用电器都用三孔插座,其中有一孔接地线,这是为了（　　）。

  A. 节约电能       B. 确保家用电器能正常工作

  C. 延长家用电器的使用寿命   D. 避免因家用电器漏电而发生触电事故

*（5）当你接触到下面所述的电压时,不可能造成触电事故的是（　　）。

  A. 家庭照明线路的电压     B. 输电线上的电压

  C. 建筑工地使用的电动机线路的电压   D. 两节干电池串联后的电压

*（6）下列情况符合安全用电规则的是（　　）。

  A. 可以随意搬动亮着的台灯或工作中的电扇

  B. 发现有人触电,赶快掰一根树枝把电线挑开

  C. 不能用潮湿的手触摸家用电器的开关

  D. 居民院里突然断电,利用这个机会在家中赶快检修荧光灯

# 四、技术中国

## 中国特高压交流输电技术

  特高压交流输电技术是指电压等级在 1 000 kV 及以上的输电技术。它具有输送容量大、距离远、效率高和损耗低等技术优势。2009 年,我国首个特高压输电工程——1 000 kV 晋东南-南阳-荆门特高压交流试验示范工程正式投入商业运管。随后,我国的特高压交流输电技术发展迅猛,截至 2020 年底,我国已累计建成投运了 28 项特高压交流输电工程,线路总长度超过 12 000 km,变电站（含开关站、串补站）31 座。我国特高压输电技术已实现从"跟跑"到"领跑"的跨越,成为一张中国制造的"金色名片"。

一、重点难点解析

（一）原理和方法

（1）通电导线在磁场中受到安培力的作用。

（2）利用漆包线制成线圈。

（3）粘在线圈正下方的磁铁提供磁场。

（4）用电池作为电源给线圈通电，线圈便会在磁场中转动。

（二）操作注意事项

将漆包线的一端用小刀把绝缘漆全部刮掉，另一端把绝缘漆只刮去半周，相当于自制一个换向器。

二、素养提升训练

**1. 填空题**

（1）直流电动机的原理是通电导线在磁场中受到_____的作用。

（2）制成简易直流电动机后，如果轻轻给铜线圈一个力，它会沿着一个方向转动起来。分别改变电流方向，线圈转动方向_____；改变磁极方向，线圈转动方向_____；同时改变电流、磁极方向，线圈转动方向_____。这种研究问题的方法称为_____法。

*（3）用小刀将漆包线一端的绝缘漆全部刮掉，另一端把绝缘漆只刮去半周。在前半周转动过程中有电流，受到_____的作用，后半周没有电流，不受_____的作用，靠惯性完成连续转动。

**2. 判断题**

（1）制作简易直流电动机时，增加钕铁硼数目，可增大线圈转速。 （　　）

（2）制作简易直流电动机时，减少电池节数，可降低线圈转速。 （　　）

（3）制作简易直流电动机时，改变钕铁硼磁极方向，线圈转向改变。 （　　）

*（4）绕制线圈应使用漆包线，尽量对称是为了美观。 （　　）

*（5）接通回路时间长，电池、漆包线太热，简易直流电动机需停下。 （　　）

*3. 实践题

现有五号干电池一节、一段铜丝、钕铁硼强磁铁一块,和同学讨论,尝试设计一个简易电动机,分析不同形状铜丝的转动原因(提示:铜丝可折成门形、螺旋形、心形等自己喜欢的形状)。如何改变线圈的转动方向和转动速度?

## 自我评价反思

针对本主题"素养提升训练"的完成情况,同学们可从核心素养发展、学习行为表现、学习兴趣提升等方面寻找自己的收获与亮点,查找疑惑与不足,并填写表6-8-1。

表 6-8-1

| 自我评价内容 | 收获与亮点 | 疑惑与不足 |
| --- | --- | --- |
| 物理观念及应用 | | |
| 科学思维与创新 | | |
| 科学实践与技能 | | |
| 科学态度与责任 | | |

## 学业水平测试

（时间：90 min，总分：100 分）

一、选择题（每空 2 分，累计 30 分）

1. 在电场中某点，检验电荷所受的_____与它的_____的比值，称为该点的电场强度。

2. 高压带电操作员的防护服是用包含金属丝的织物制成的，当接触高压线时，他身体上任意两点的电势_____，电势差为_____。

3. 我国工农业生产和生活用的交流电，周期是 0.02 s，则频率是_____ Hz，在 1 s 内电流的方向变化_____次。

4. 在磁场中_____于磁场方向的通电导线，所受的磁场力 $F$ 跟电流 $I$ 和导线长度 $l$ 的乘积 $Il$ 的_____称为通电导线所在处的磁感应强度。

5. 穿过某一面积的磁感线条数，称为穿过该面积的_____。

6. 在电磁感应现象中产生的电动势称为_____，产生的电流称为_____。

*7. 电路中_____的大小，跟穿过这一电路的磁通量的_____成正比，这就是法拉第电磁感应定律。

*8. 产生感应电动势的那部分导体（或线圈）相当于电源。所以在这部分导体上感应电流的方向是由_____电势流向_____电势。（填"低"或"高"）

二、单选题（每题 5 分，累计 35 分）

1. 电场中的某点不放置检验电荷 $q$，则下列关于该点的电场强度的说法正确的是（　　）。

    A. 因为电场力 $F=0$，所以电场强度为零

    B. 因为检验电荷 $q=0$，所以电场强度为无穷大

    C. 电场强度跟检验电荷存在与否无关，电场强度不变

    D. 电场强度随检验电荷的改变而改变

2. 对公式 $U_{AB}=Ed$ 的理解，下列说法正确的是（　　）。

    A. $d$ 是匀强电场中沿电场线方向上 $A$、$B$ 两点之间的距离

    B. $A$、$B$ 两点之间的距离越大，则这两点之间的电势差越大

    C. $d$ 是匀强电场中任意 $A$、$B$ 两点之间的距离

    D. 此公式适用于计算任意电场中 $A$、$B$ 两点的电势差

3. 下列有关磁通量的说法中，正确的是（　　）。

    A. 磁感应强度大的地方，穿过线圈的磁通量一定大

    B. 磁通量的变化，不一定是由磁场的变化引起的

C. 线圈的面积大,穿过它的磁通量一定大

D. 线圈平面平行于磁场时磁通量最大

4. 由磁感应强度的定义 $B = \dfrac{F}{Il}$ 可知(　　)。

　A. 当磁场中的通电导线不受磁场力作用时,该点的磁感应强度 $B$ 一定为零

　B. 当通电导体中的电流减小时,导线所在处的磁感应强度增大

　C. 磁感应强度 $B$ 与 $F$、$I$、$l$ 无关

　D. 当通电导体受到的磁场力增大时,该处的磁感应强度一定增大

5. 关于电流的磁场,下列说法正确的是(　　)。

　A. 直线电流的磁场,只分布在垂直于导线的某一个平面上

　B. 直线电流的磁场是一系列同心圆,距离导线越远处磁感线越密

　C. 通电螺线管的磁感线的分布与条形磁铁相同,但管内无磁场

　D. 直线电流、环形电流、通电螺线管的磁场方向都可用安培定则来判断

*6. 一个矩形线圈,在匀强磁场中绕一固定轴匀速转动。当穿过线圈中的磁通量最大时,线圈平面与磁感线方向的夹角是(　　)。

　A. 0°　　　　　　　B. 45°　　　　　　　C. 60°　　　　　　　D. 90°

*7. 下列做法中符合安全用电的是(　　)。

　A. 换用较粗的熔丝更保险

　B. 使用测电笔时,只要接触测电笔上的金属体就行

　C. 可以在家庭电路的中性线上晾晒衣服

　D. 家用电器的金属外壳要连接地线

三、作图题(每题 5 分,累计 15 分)

1. 如图 6-9-1 所示,判断通电螺线管的 N 极、S 极。

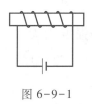

图 6-9-1

2. 如图 6-9-2 所示,判断通电直导线所受到的安培力的方向。

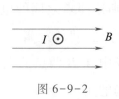

$I \odot$ 　$B$

图 6-9-2

3. 如图 6-9-3 所示,已知磁感应强度 $B$、感应电流 $I$ 的方向,判断直导线的速度 $v$ 的方向。

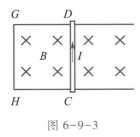

图 6-9-3

**四、计算题(每题 10 分,累计 20 分)**

1. 如图 6-9-4 所示,在磁感应强度为 0.03 T 的匀强磁场中,有一根与磁场方向垂直、长 8.0 cm 的通电直导线 $ab$,它受到的磁场力是 0.012 N,方向垂直于纸面向外,求导线 $ab$ 中通过电流的大小和方向。

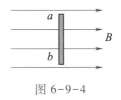

图 6-9-4

*2. 有一个 500 匝的线圈,穿过线圈的磁通量由 0.01 Wb 均匀增加到 0.07 Wb,所用时间为 0.4 s。如果线圈的电阻为 10 Ω,将它与电阻为 90 Ω 的电热器串联成一个闭合回路,求线圈中的感应电动势及电路中感应电流的大小。

主题七

# 热现象及其应用

知识脉络思维导图

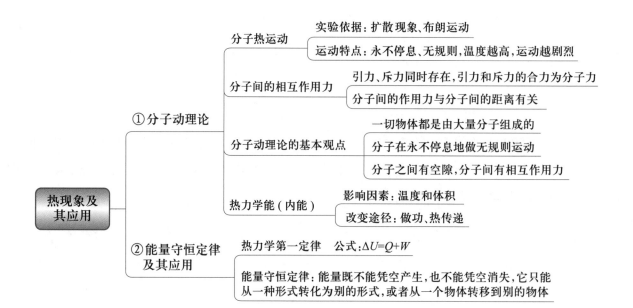

分子热运动
　实验依据：扩散现象、布朗运动
　运动特点：永不停息、无规则,温度越高,运动越剧烈

分子间的相互作用力
　引力、斥力同时存在,引力和斥力的合力为分子力
　分子间的作用力与分子间的距离有关

①分子动理论

分子动理论的基本观点
　一切物体都是由大量分子组成的
　分子在永不停息地做无规则运动
　分子之间有空隙,分子间有相互作用力

热力学能（内能）
　影响因素：温度和体积
　改变途径：做功、热传递

热现象及其应用

②能量守恒定律及其应用

热力学第一定律　公式:$\Delta U=Q+W$

能量守恒定律：能量既不能凭空产生,也不能凭空消失,它只能从一种形式转化为别的形式,或者从一个物体转移到别的物体

# 第一节 分子动理论

## 一、重点难点解析

### （一）分子动理论

（1）一切物体都是由大量分子组成的；分子在永不停息地做无规则运动；分子之间有空隙，分子间有相互作用力。

（2）证明分子热运动的现象有扩散现象、布朗运动等。

① 热运动与扩散现象、布朗运动的区别和联系，见表7-1-1。

表7-1-1

| 比较内容 | 扩散现象 | 布朗运动 | 热运动 |
|---|---|---|---|
| 概念 | 不同物质的分子能够彼此进入对方的现象 | 悬浮微粒的无规则运动 | 分子永不停息的无规则运动 |
| 运动主体 | 分子 | 微小固体颗粒 | 分子 |
| 产生原因 | 分子永不停息地做无规则运动 | 大量液体（气体）分子对悬浮微粒的无规则撞击造成的 | 分子永不停息地做无规则运动 |
| 影响因素 | 与温度有关，温度越高，扩散越快 | ① 与微粒大小有关，微粒越小，布朗运动越明显；② 与温度有关，温度越高，布朗运动越剧烈 | 与温度有关，温度越高，分子热运动越剧烈 |
| 物质区别 | 在固体、液体、气体中都可以发生 | 只能在液体、气体中发生 | 在固体、液体、气体中都可以发生 |
| 共同点 | 都是无规则运动，其运动都随温度的升高而更加剧烈 | | |
| 联系 | 扩散现象、布朗运动的本质都反映了分子的热运动 | | |

② 运用布朗运动来研究分子的热运动，这种科学研究方法是转换法。

（3）证明分子间有空隙，分子间存在相互作用力的现象。

① 固体、液体和气体都可以被压缩，只是固体和液体很难被压缩。

② 分子间的作用力与分子间的距离有关。

注意：单个分子的运动遵从力学规律，大量分子的热运动遵从统计规律。

### （二）热力学能

（1）分子动能。分子做无规则运动所具有的能量。

（2）分子势能。分子具有的与其相对位置有关的能量。

（3）热力学能。物体内所有分子的动能与分子势能的总和,称为物体的热力学能,简称内能。热力学能与物体的温度和体积有关。做功和热传递都能改变物体的热力学能,并在效果上是等效的。

## 二、应用实例分析

**实例 1**　下列事例中,不能说明分子永不停息地做无规则运动的是(　　)。

　　A. 炒菜时加点盐,菜就有了咸味　　　　　B. 在显微镜下,看到细菌在活动

　　C. 排放工业废水,污染整个水库　　　　　D. 房间里放一箱苹果,满屋飘香

**分析**:炒菜时加点盐,菜有了咸味是扩散现象,证明了分子不停地做无规则运动,A 不符合题目要求;细菌在活动,细菌是物体,它包含很多的分子,物体的运动不属于扩散现象,B 符合题目要求;废水污染整个水库是污水在水中的扩散现象,能证明分子不停地做无规则运动,C 不符合题目要求;房间里放一箱苹果,整个房间里能闻到香味是扩散现象,D 不符合题目要求。

**解**:选择 B。

**方法指导**:用分子动理论分析。

**实例 2**　关于悬浮在液体中的固体微粒的布朗运动,下列说法中正确的是(　　)。

　　A. 微粒的无规则运动就是分子的运动

　　B. 微粒的无规则运动是固体微粒分子无规则运动的反映

　　C. 微粒的无规则运动是液体分子无规则运动的反映

　　D. 因为布朗运动的剧烈程度跟温度有关,所以布朗运动也可以称为热运动

**分析**:悬浮在液体中的固体微粒虽然很小,需要用显微镜来观察,但它并不是固体分子,它本身由大量固体分子组成,它的运动不是分子的运动,而是微小颗粒的运动,A 错误;产生布朗运动是由于固体微粒受到周围液体分子的撞击力不平衡造成的,由于液体分子运动的无规则性,固体微粒受到撞击力的合力也是无规则的,因此固体微粒的运动也是无规则的,由此可见,小颗粒的无规则运动不能说明组成固体的微粒分子在做无规则运动,只能说明液体分子在做无规则运动,B 错误;热运动是指分子的无规则运动,由于布朗运动不是分子的运动,所以不能说布朗运动是热运动,D 错误。

**解**:选择 C。

**方法指导**:理解布朗运动的本质,用布朗运动的知识判断。

## 三、素养提升训练

**1. 填空题**

（1）布朗运动间接地证明了_____的热运动,这种通过直观的现象去认识不易直接观

察或测量的物理量的研究方法是_____法。

（2）分子的热运动与温度有关,温度越高,分子运动越_____。_____现象和_____运动直接或间接地反映了液体分子永不停息地做_____的热运动。

（3）物体内所有分子的_____能与_____能的总和称为物体的热力学能,也称为内能。物体的热力学能与物体的_____和_____有关。

（4）改变物体的热力学能有两种方式。摩擦焊技术是利用_____方式改变物体内能的,烤炉中的食物被烤熟是利用_____方法改变物体内能的。

*（5）热量从温度_____的物体传到温度_____的物体,或者从物体的_____部分传到_____部分的过程称为热传递。

*（6）当温度升高时,分子的动能_____,物体的热力学能也_____;当温度降低时,分子的动能_____,物体的热力学能也随之_____。当外界对物体做功,热力学能_____;物体对外界做功,热力学能_____。（填"增加"或"减少"）

**2.** 判断题

（1）任何物体都具有热力学能。（　　）

（2）分子之间的空隙在气态时最大,液态时次之,固态时最小。（　　）

（3）扩散现象和布朗运动都是分子的无规则运动。（　　）

（4）温度不变时,分子势能随着物体的体积膨胀或收缩发生改变。（　　）

*（5）温度升高,所有分子热运动的速率都变大。（　　）

*（6）分子间的引力和斥力都随分子间距的增大而增大。（　　）

**3.** 单选题

（1）关于扩散现象和布朗运动,下列说法正确的是（　　）。

　　A．布朗运动是液体分子无规则运动的反映

　　B．扩散现象与布朗运动没有本质的区别

　　C．扩散现象停止时,分子的无规则运动也停止

　　D．扩散现象和布朗运动都与温度有关

（2）关于布朗运动,下列说法错误的是（　　）。

　　A．布朗运动是液体中悬浮微粒的无规则运动

　　B．温度越高,液体中悬浮微粒的布朗运动越剧烈

　　C．悬浮微粒的布朗运动是指液体分子永不停息地做无规则运动

　　D．悬浮微粒的布朗运动是由液体分子对它的撞击作用不平衡引起的

（3）关于分子间的相互作用力,下列说法正确的是（　　）。

　　A．分子之间吸引力和排斥力不是同时存在的

　　B．实际表现出来的分子力是分子吸引力和排斥力的合力

　　C．只有在拉抻物体时,分子间的相互作用力才表现为吸引力

　　D．在压缩物体时,分子间的相互作用力表现为排斥力

（4）关于物体的热力学能,下列说法正确的是(　　)。

　　A. 物体的热力学能一般与物体的温度和体积有关

　　B. 物体的机械能越大,热力学能越大

　　C. 温度相同、质量相等的一切物体,热力学能都相等

　　D. 物体的热力学能发生变化,它的温度一定发生变化

*（5）下面各实例中,不属于用做功的方法改变物体内能的是(　　)。

　　A. 钻木取火

　　B. 把浸有乙醚的一小块棉花放在厚玻璃筒的底部,快速向下压活塞

　　C. 将酒精涂在手背上,会觉得凉快

　　D. 在薄铜管里倒入适量乙醚,用结实的软绳迅速来回摩擦铜管

*（6）下列各例中,属于用热传递改变内能的是(　　)。

　　A. 用打气筒打气,筒内气体变热

　　B. 擦火柴使火柴燃烧

　　C. 太阳能热水器中的水被晒热

　　D. 用锯子锯木头,锯条温度会升高

**4. 实践题**

在广口玻璃瓶内装一些水,水的上方有水蒸气,用一个与打气筒相连的瓶塞密闭瓶口,当给瓶内打气到某一状态时,观察瓶塞是否能跳起来？之后观察在瓶内是否出现了白雾？为什么？

## 四、技术中国

### 超级隔热材料——气凝胶

一定浓度的高分子溶液或溶胶,在适当条件下,黏度会逐渐增大,最后失去流动性,变成一种外观均匀、并保持有一定形态的弹性半固体,这种弹性半固体称为凝胶。有一些凝胶是被气体充满后构成的,就是气凝胶。气凝胶密度极低,是世界上最轻的固体。气凝胶骨架在纳米尺度,当可见光穿过时散射较小,看上去像"冻住的烟"。气凝胶具备隔音好、隔热好、弹性高等诸多优良性能。在高铁车厢内、外层之间的空隙和"神舟十二号"载人飞船上的"超级大冰箱"中,气凝胶得到了广泛应用。此外,气凝胶还被广泛用于建筑、军工、工业管道等众多领域。目前,最轻的气凝胶是由浙江大学科研团队研制的一种"全碳气凝胶",密度仅有 0.16 mg/cm³,

为空气密度的$\dfrac{1}{6}$,把这种材料放在花朵上,柔软的花蕊几乎没有变形,如图 7-1-1 所示。目前,我国气凝胶研究技术已远超欧美,处于世界领先地位。

图 7-1-1

## 第二节 能量守恒定律及其应用

### 一、重点难点解析

**（一）热力学第一定律**

（1）内容。物体从外界吸收的热量，一部分使物体的热力学能增加，一部分用于物体对外做功。

（2）公式。$\Delta U = Q + W$。

（3）$\Delta U$、$W$、$Q$ 符号规定。由于 $\Delta U$、$W$、$Q$ 三个物理量都有可能增加或减少，而它们又都是标量，因此，它们的增加或减少就用正负号来表示（表 7-2-1）。

表 7-2-1

| 符号 | 做功 $W$ | 热量 $Q$ | 内能的改变 $\Delta U$ |
| --- | --- | --- | --- |
| + | 外界对系统做功（如气体被压缩） | 吸收热量 | 内能增加 |
| − | 系统对外界做功（如气体膨胀） | 放出热量 | 内能减少 |

（4）做功和热传递在本质上是不同的。

① 做功使物体的热力学能改变，是其他形式的能量和热力学能之间的转化。

② 热传递使物体的热力学能改变，是物体间同种形式能量的转移。

（5）热力学第一定律的本质是能量守恒定律在热力学上的一种特定的应用形式。

**（二）能量守恒定律**

（1）内容。能量既不能凭空产生，也不能凭空消失，它只能从一种形式转化为别的形式，或者从一个物体转移到别的物体。

（2）确立了两类重要事实。

① 各种形式的能量都可以相互转化，并且在转化过程中总的能量保持不变。

② 确认了永动机的不可能性，它违背了能量守恒定律。

（3）意义。能量守恒定律是自然界最普遍、最重要的规律之一。

### 二、应用实例分析

**实例1** 空气压缩机是一种用以压缩气体的设备，构造与水泵类似，广泛用于提供空气动力、对加工件进行冷却干燥等。若某空气压缩机在一次压缩中，活塞对空气做了 $2 \times 10^5$ J 的功，

同时从外界吸收了 $4.2×10^5$ J的热量。请问,空气的内能变化了多少? 是增加还是减少?

分析:选空气压缩机里的空气为研究对象,活塞对空气做功,即空气被压缩,$W=2×10^5$ J;而空气又从外界吸收了热量,$Q=4.2×10^5$ J。

解:根据热力学第一定律,有

$$\Delta U = Q + W = (2×10^5 + 4.2×10^5)\,J = 6.2×10^5\,J$$

方法指导:用热力学第一定律进行分析和求解。

实例 2 有一装有空气的密闭塑料瓶,因降温而变扁,如果不计分子势能,分析此过程中内能的变化情况、做功情况和热量变化情况。

分析:内能是物体内所有分子的动能和势能的总和。在此题中不计分子势能,内能只由分子动能决定。温度降低,内能减少,根据热力学第一定律 $\Delta U = Q + W$ 和 $\Delta U$、$Q$、$W$ 的正负规定可知,塑料瓶因降温而变扁,说明外界对气体做功,故 $W$ 为正。由于 $\Delta U$ 减少为负,故 $Q$ 必然为负,即密闭的空气放出热量。

解:内能减少,外界对气体做功,密闭气体放出热量。

方法指导:根据热力学第一定律 $\Delta U = Q + W$ 和 $\Delta U$、$Q$、$W$ 的正负规定求解。

## 三、素养提升训练

**1. 填空题**

(1) 物体从外界_____的热量,一部分使物体的_____增加,一部分用于物体对外_____,这就是热力学第一定律。公式为_____。

(2) 应用热力学第一定律解题时,公式中 $\Delta U$、$Q$、$W$ 的正、负规定:外界对物体做功(气体被压缩)时 $W$ 为_____,物体对外界做功(气体膨胀)时 $W$ 为_____;物体_____热量时 $Q$ 为正,物体_____热量时 $Q$ 为负;物体内能_____时 $\Delta U$ 为正,物体内能_____时 $\Delta U$ 为负。

(3) 能量既不能凭空_____,也不能凭空_____,它只能从一种形式_____为另一种形式,或者从一个物体_____到另一个物体上。这就是能量守恒定律。

(4) 热力学第一定律有三种特殊情况:温度不变时,内能_____,$\Delta U =$_____。体积不变时,$W =$_____,$\Delta U =$_____。绝热过程,$Q =$_____,$\Delta U =$_____。

*(5) 气体膨胀对外做功 100 J,同时从外界吸收了 120 J 的热量,它的内能的变化是_____(填"增加"或"减少")了_____ J。

*(6) 某汽油机活塞(图 7-2-1),在压缩气体的过程中做功 300 J,压缩气体传递给汽缸的热量为 25 J,气体内能增加了_____ J。若活塞气体膨胀的过程中做功 800 J,气体传递给气缸的热量为 30 J,气体内能减少了_____ J。

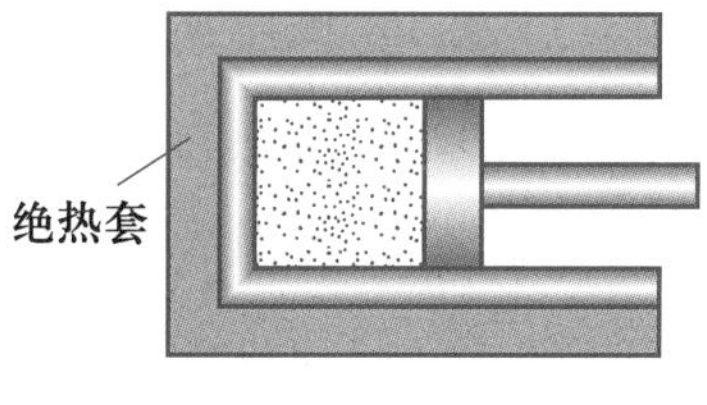

绝热套

图 7-2-1

**2. 判断题**

（1）做功和热传递都能改变物体的热力学能,其本质相同。　　　　　（　　）

（2）各种能量之间可以转移或转化,一定条件下总量保持不变。　　　（　　）

（3）只发生热传递,不做功,热量与热力学能变化的关系为 $\Delta U = Q$。　　（　　）

（4）物体与外界不发生热交换,物体的内能也可能增加。　　　　　　（　　）

*（5）热力学系统对外界做功时,$W$ 取负值,吸收热量时,$Q$ 取正值。　　（　　）

*（6）历史上没有一种永动机成功过,原因是违背能量守恒定律。　　　（　　）

**3. 单选题**

（1）自由摆动的秋千,摆动的幅度越来越小,在此过程中（　　）。

    A. 机械能守恒　　　　　　　　　　　B. 能量正在消失

    C. 总能量守恒　　　　　　　　　　　D. 只有动能和势能相互转化

（2）下列四种现象中,一定能使物体热力学能增加的是（　　）。

    A. 外界对物体做功的同时物体放出热量

    B. 物体吸收热量的同时对外做功

    C. 物体放出热量的同时对外做功

    D. 外界对物体做功的同时物体吸收热量

（3）一定质量的某种气体,若外界传递给它的热量等于它热力学能增加的数值,那么该气体在状态变化过程中（　　）。

    A. 温度不变　　　　　　　　　　　　B. 体积发生变化

    C. 外界对该气体没做功　　　　　　　D. 压强不变

（4）以下说法正确的是（　　）。

    A. 能量可以凭空消失

    B. 任何违背能量守恒定律的物理过程都不可能实现

    C. 太阳能电池板将太阳能转化为电能说明能量可以创生

    D. 由于能量守恒,所以热量也可以从低温物体传向高温物体

（5）封闭在气缸里的气体,在推动活塞对外做功 500 J 的过程中,从外界吸收热量 200 J,那么它的热力学能将（　　）。

    A. 增加 300 J　　　　　　　　　　　B. 减少 300 J

    C. 增加 700 J　　　　　　　　　　　D. 减少 700 J

*（6）下述说法中正确的是（　　）。

    A. 物体中所有分子的动能和势能的总和,称为物体的热力学能

    B. 物体热力学能的多少,可以用物体吸热或放热的多少来量度

    C. 物体对外做功,表明此物体具有的热力学能一定多

    D. 气体在温度不变时,体积膨胀,它的热力学能一定增加

**4. 简答题**

在带有活塞的气缸中封闭一定质量的气体,若分子势能忽略不计,现将一个热敏电阻(电阻随温度升高而减小)置于气缸中,热敏电阻与气缸外的电阻表连接(图 7-2-2),气缸和活塞均具有良好的绝热性能,当向下推动活塞时,封闭气体体积、内能、温度、电阻表的示数将怎样变化?

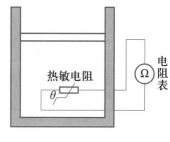

图 7-2-2

## 四、技术中国

### 垃圾焚烧发电

垃圾焚烧发电是一项高温热化学处理过程,是利用垃圾焚烧所产生的热量,对水进行加热,获得蒸汽,再通过蒸汽推动汽轮机带动发电机发电。目前,我国垃圾焚烧厂的数量和规模正在快速增加,截至 2020 年 6 月 1 日,我国在运行的垃圾焚烧厂总计 455 座,图 7-2-3 是某垃圾焚烧厂图片。

图 7-2-3

# 自我评价反思

针对本主题"素养提升训练"的完成情况,同学们可从核心素养发展、学习行为表现、学习兴趣提升等方面寻找自己的收获与亮点,查找疑惑与不足,并填写表 7-3-1。

表 7-3-1

| 自我评价内容 | 收获与亮点 | 疑惑与不足 |
|---|---|---|
| 物理观念及应用 | | |
| 科学思维与创新 | | |
| 科学实践与技能 | | |
| 科学态度与责任 | | |

## 学业水平测试

(时间:45 min,总分:100 分)

一、填空题(每空 1 分,累计 27 分)

1. 一切物体都是由大量分子组成的;分子在永不停息地做_____的运动;分子之间有_____,分子间有相互_____,这就是分子动理论的基本论点。

2. 物体能够被压缩是因为_____,不能无限地被压缩是因为_____。

3. 物体内部所有分子热运动的_____与_____的总和,称为物体的热力学能。热力学能一般与_____和_____有关。

4. 用砂轮磨刀具时,砂轮和刀具都会变热,这个现象说明_____可以改变物体的热力学能。放置在灼热的火炉旁边的物体温度会升高,这个现象说明_____可以改变物体的热力学能。

5. 改变物体的热力学能有两种方式:_____和_____。当温度升高时,分子动能_____,物体的热力学能_____;当外界对物体做功,热力学能_____;物体对外界做功,热力学能_____。

6. 布朗运动是悬浮_____的无规则运动。微粒_____,布朗运动越明显;温度_____,布朗运动越剧烈。布朗运动只能在_____、_____物质中发生。

*7. 一气缸的活塞压缩气体对内做功 100 J,同时从外界吸收了 200 J 的热量,它的内能_____(填"增加"或"减少")了_____J。

*8. 把浸有乙醚的一小块棉花放在厚玻璃筒的底部,快速向下压活塞时,外力对空气_____,温度_____,热力学能_____,乙醚达到着火点燃烧起来。

二、判断题(每题 3 分,累计 18 分)

1. 布朗运动间接地反映了液体分子永不停息地做无规则运动。　　　　( 　 )

2. 分子之间的空隙在气态时最大,液态时次之,固态时最小。　　　　( 　 )

3. 做功的实质是物体间同种形式能量的转移。　　　　( 　 )

4. 热传递发生的条件是具有温度差。　　　　( 　 )

*5. 钢的渗碳热处理、半导体的扩散工艺都利用了分子间有空隙的特性。　　( 　 )

*6. 物体只发生热传递不做功,从外界吸收热量等于内能增加。　　　　( 　 )

三、单选题(每题 5 分,累计 35 分)

1. 下列现象中,不能用分子动理论解释的是(　　)。

A. 水和酒精混合后总体积减小

B. 油能从无裂缝的钢管侧壁渗出

C. 扩散运动和布朗运动

D. 永动机制造失败

2. 物体从粗糙的斜面上滑下来,则(　　　)。

　A. 机械能不变,热力学能不变

　B. 机械能增加,热力学能不变

　C. 机械能减少,热力学能减少

　D. 机械能减少,热力学能增加

3. 热传递的过程实际上是(　　　)。

　A. 内能转化为机械能

　B. 机械能转化为内能

　C. 内能转移的过程

　D. 内能转化为其他形式的能

4. 下列关于能量守恒定律的说法错误的是(　　　)。

　A. 各种形式的能量可以相互转化,且在转化过程中总量保持不变

　B. 能量守恒定律是自然界最普遍、最重要的规律之一

　C. 能量在转化或转移过程中的能量守恒是有一定条件的

　D. 热力学第一定律实际上是内能与其他形式的能量发生转化时的能量守恒定律

*5. 空气压缩机在一次压缩过程中,空气对外界放出的热量是 $0.5 \times 10^5$ J,同时空气的内能增加了 $2.5 \times 10^5$ J。下列说法正确的是(　　　)。

　A. 活塞对空气做了 $3.0 \times 10^5$ J 的功

　B. 活塞对空气做了 $2.0 \times 10^5$ J 的功

　C. 空气对活塞做了 $3.0 \times 10^5$ J 的功

　D. 空气对活塞做了 $2.0 \times 10^5$ J 的功

*6. 一个大气压下,100 ℃ 的水变成 100 ℃ 的水蒸气的过程中,下列说法错误的是(　　　)。

　A. 水的内能增加

　B. 对外界做功

　C. 一定是吸热

　D. 向外界放热

*7. 常用的液压打桩机在运行时,常以蒸汽或压缩空气为动力,推动其他部件工作,以完成打桩任务。现有某液压打桩机在工作过程中,缸内的气体对外做了 $3.5 \times 10^6$ J 的功,热力学能减小了 $4.5 \times 10^6$ J。下列说法正确的是(　　　)。

　A. 空气从外界吸收的热量是 $8.0 \times 10^6$ J

　B. 空气从外界吸收的热量是 $1.0 \times 10^6$ J

　C. 空气对外界放出的热量是 $8.0 \times 10^6$ J

　D. 空气对外界放出的热量是 $1.0 \times 10^6$ J

## 四、简答题(每题 10 分,累计 20 分)

1. 充气袋是用来包裹易碎品的塑料袋。当充气袋四周被挤压时,假设充气袋的密封性能很好,袋内气体与外界无热交换,则袋内气体体积、做功、内能、吸放热情况怎样变化?

*2. 如图 7-4-1 所示,用隔板将一绝热气缸分成两部分,隔板左侧充有理想气体,隔板右侧与绝热活塞之间是真空。现将隔板抽开,气体会自发地扩散至整个汽缸,待气体达到稳定后,缓慢推压活塞,气体压缩回到原来的体积(假设整个系统不漏气)。分析在气体自发扩散或者被压缩的过程中,其内能、做功、吸放热的变化情况。

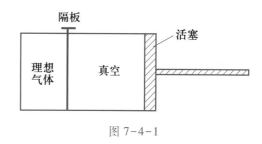

图 7-4-1

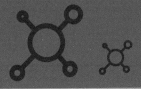

# 固体、液体和气体的性质及其应用

**知识脉络思维导图**

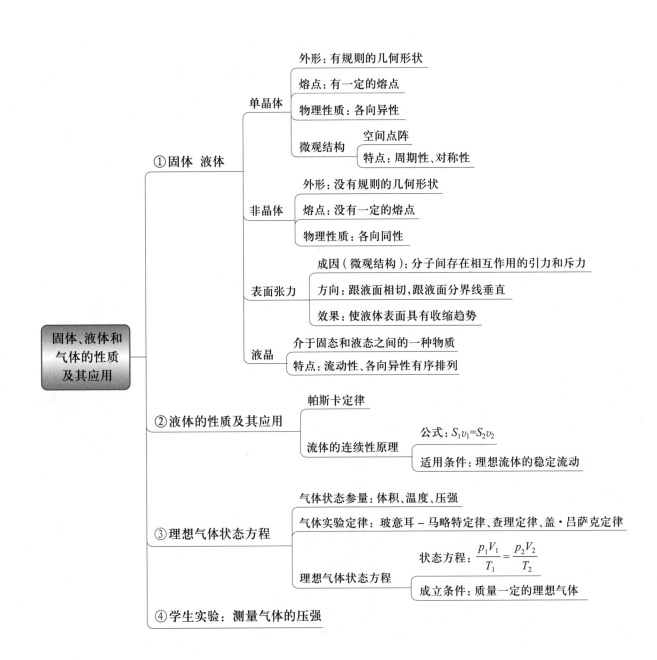

# 第一节 固体 液体

## 一、重点难点解析

### （一）晶体和非晶体的比较（表 8-1-1）

表 8-1-1

| 分类 | 晶体 | | 非晶体 |
|---|---|---|---|
| | 单晶体 | 多晶体 | |
| 外形 | 规则 | 不规则 | 不规则 |
| 熔点 | 确定 | 确定 | 不确定 |
| 物理性质 | 各向异性 | 各向同性 | 各向同性 |
| 转化 | 有些晶体和非晶体在一定条件下可以相互转化 | | |
| 典型物质 | 石英、云母、明矾、食盐 | 铁、铜、铝 | 玻璃、塑料、沥青、橡胶 |

### （二）晶体的微观结构

（1）空间点阵。组成单晶体的微粒（分子、原子或离子）在空间是按照一定的规律排列的,彼此相隔一定的距离排列成整齐的行列,这样的微观结构通常被称为空间点阵。

（2）晶体物质微粒的空间结构排列有两个特点。一是周期性,二是对称性。

### （三）液体的表面张力

（1）概念。液面分子间相互吸引的力,称为表面张力。

（2）形成原因。液体表面层分子间距离比液体内部分子间距离大,表面层分子间作用力表现为引力。

（3）特征。液体表面层分子间的引力使液面产生了表面张力,使液体表面好像一层张紧的弹性薄膜。

（4）方向。和液面相切,垂直于液面上的各条分界线。

（5）效果。使液体表面具有收缩的趋势,使液体表面积趋于最小。

## 二、应用实例分析

实例 下列关于晶体和非晶体的说法正确的是(　　　)。

A. 若一块晶体在各个方向上的导热性质相同,则此晶体一定是多晶体

B. 利用各向同性和各向异性可鉴别晶体和非晶体

C. 若一个固体球沿其各条直径方向的导电性不同,则它一定是单晶体

D. 沿各个方向对一个均匀薄片施加力,若强度一样,则它一定是非晶体

分析:判定固体是否为晶体的标准是看该固体是否有固定的熔点,多晶体和非晶体都具有各向同性和无规则的外形,单晶体具有各向异性和规则的外形。

解:选择 C。

方法指导:根据晶体和非晶体的物理性质进行确定。

## 三、素养提升训练

**1. 填空题**

(1)固体可分为_____和_____两类。如水晶、云母、明矾、食盐等都是_____,玻璃、松香、沥青、橡胶等都是_____。

(2)晶体的物理性质与_____有关,这种特性称为_____。非晶体的各种物理性质在各个方向上都是_____的,所以是_____的。

(3)一束光线射入方解石晶体时,会产生两道偏折角度不同、传播速度不同的折射光,这种双折射现象是由于方解石晶体各向_____的光学性质决定的。而一束光线射入非晶体玻璃,折射光只有一条,这是由于非晶体玻璃各向_____的光学性质决定的。

(4)在外形上晶体有_____的几何形状,而非晶体则没有。在熔化过程中,晶体有固定的_____,而非晶体则没有。

(5)液体表面有一层跟_____接触的薄层,称为表面层。液面分子间_____的力,称为液体的表面张力。草叶上的露珠呈球形是因为表面张力使液体的表面积收缩到_____的缘故。

*(6)介于_____和_____之间的一种物质称之为液晶。液晶既具有液体的_____性质,又在一定程度上具有晶体分子的_____排列的性质。

*(7)晶体物质微粒的空间结构排列有两个特点:一是_____,二是_____。晶体的_____决定其宏观物理性质。

**2. 判断题**

(1)表面张力跟液面相切,跟液面分界线垂直。　　　　　　　　　　　　　　(　　)

(2)液体表面层分子比液体内部的稀疏,分子间距大,相互作用表现为斥力。　(　　)

(3)在物理性质上,多晶体是各向异性的。　　　　　　　　　　　　　　　　(　　)

(4)有些晶体和非晶体在一定条件下可以相互转化。　　　　　　　　　　　　(　　)

*(5)同一物质微粒,不同的微观结构呈现不同的物质属性。　　　　　　　　　(　　)

*(6)液晶是介于固态和液态之间的一种物质。　　　　　　　　　　　　　　　(　　)

3. 单选题

（1）某一物体在物理性质上表现为各向异性,则（　　）。

　　A. 它一定是单晶体　　　　　　　　B. 它一定是多晶体

　　C. 它一定是非晶体　　　　　　　　D. 它可能是单晶体,也可能是多晶体

（2）金属块的物理性质表现为各向同性,其原因是（　　）。

　　A. 金属是单晶体

　　B. 金属是非晶体

　　C. 金属中小晶粒排列杂乱无章

　　D. 金属中的小晶粒内部分子排列杂乱无章

（3）下列关于各向异性的描述错误的是（　　）。

　　A. 云母、玻璃沿不同方向传热速度不同

　　B. 方铅矿石晶体沿不同方向电阻率不同

　　C. 立方形的铜晶体沿不同方向的弹性不同

　　D. 方解石晶体沿不同方向的折射率不同

（4）下列关于石墨、金刚石、石墨烯的说法不正确的是（　　）。

　　A. 都是由碳原子构成的,但微观结构不同

　　B. 金刚石网状结构、石墨层状结构、石墨烯蜂窝状点阵结构

　　C. 是由不同的物质微粒组成的不同晶体

　　D. 不同的微观结构决定其宏观物理性质不同

*（5）取一张云母(晶体)薄片、玻璃(非晶体)片上涂一层很薄的石蜡,用烧热的钢针接触石蜡,熔化后所成的形状不同。下列说法不正确的是（　　）。

　　A. 石蜡在云母片上熔化后形成的痕迹是椭圆

　　B. 石蜡在非晶体玻璃片上熔化后形成的痕迹是圆

　　C. 云母导热性质表现为各向同性,在平面的各个方向导热速度不同

　　D. 玻璃导热性质在平面的各个方向上相同

*（6）把一根钢针放在一张易吸水的薄纸上,把托着钢针的纸平放在水面上,纸浸湿后沉入水底,钢针却浮在水上面,这是因为（　　）。

　　A. 毛细现象的缘故　　　　　　　　B. 纸浸湿后太沉,所以沉入水底

　　C. 对钢针来说,它的浮力比较大　　　D. 水存在表面张力的缘故

4. 实践题

准备好水槽、水、胡椒粉、洗洁精等实验材料。往水槽里倒入清水,往水上撒胡椒粉(铺满即可,不要太多),在手指尖上均匀涂抹洗洁精,将手指伸进水里,你会观察到什么现象?这是为什么?

\*5. 简答题

玻璃管的裂口在火焰上烧熔,它的尖端会变钝。这是为什么?

## 四、技术中国

### 领先世界的微晶钢技术

微晶钢(超级钢)具有其他任何钢材都不具有的优异性能——超强的坚韧性。微晶钢的开发应用已经成为国际钢铁领域的研究热点,被视为钢铁领域的一次重大革命。微晶钢是通过各种工艺方法,将普通的碳素结构钢中的铁素体晶粒细化,使其强度大幅提高。目前,我国的微晶钢技术居于世界领先地位,同时我国也是世界上唯一实现微晶钢工业化生产的国家。由于微晶钢具有低成本、高性能等特点,其应用前景十分广阔,如作为航空材料的碳纤维微晶钢,已应用于战机的制造。另外,由于同样质量的微晶钢强度翻倍,若将其用于潜艇制造,则意味着潜艇可以下潜的深度更大。

## 第二节　液体的性质及其应用

### 一、重点难点解析

**（一）帕斯卡定律**

（1）内容。加在密闭液体上的压强,能按照它原来的大小由液体向各个方向传递。

（2）公式。$\dfrac{F_1}{S_1}=\dfrac{F_2}{S_2}$。

（3）应用。液压机的工作原理如图 8-2-1 所示,在小活塞上加不大的压力,在大活塞上就可以得到很大的压力,$F_2=\dfrac{S_2}{S_1}F_1$。

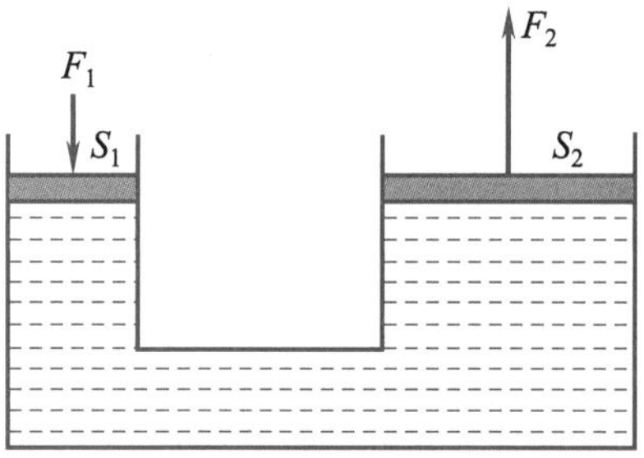

图 8-2-1

**（二）流体的连续性原理**

1. 理想流体

（1）概念。不可压缩的、没有黏滞性的流体称为理想流体。

（2）理想流体是理想化的物理模型。

2. 流体的连续性原理

在理想流体的稳定流动中,单位时间内流过同一管道中任意横截面的流体体积相等。在图 8-2-2 所示的情况中,应有 $S_1v_1=S_2v_2$。

图 8-2-2

### 二、应用实例分析

实例 1　一根水平放置的较粗的自来水管直径为 $d_1$,连接一根直径为 $d_2$ 的较细的自来水管,$d_1:d_2=2:1$,若粗管中水的流速 $v_1=0.20$ m/s,求细管中水的流速 $v_2$。

分析:已知自来水管的直径,可求出其横截面积;已知 $S_1$、$v_1$、$S_2$,根据流体的连续性原理,可求得 $v_2$。

解:设粗、细管截面积分别为 $S_1$ 和 $S_2$,根据流体的连续性原理,流过粗、细管中的流量相

等。则有

$$S_1 v_1 = S_2 v_2$$

$$v_2 = \frac{S_1}{S_2} v_1 = \frac{\frac{\pi}{4} d_1^2}{\frac{\pi}{4} d_2^2} v_1 = \left(\frac{d_1}{d_2}\right)^2 v_1 = 4 \times 0.20 \text{ m/s} = 0.80 \text{ m/s}$$

**方法指导**:将水管中的水视为理想流体,利用流体的连续性原理求解。

**实例 2**　消防水泵对水或泡沫液做功后,可将其输送到消防炮。为了让喷射出去的水流达到理想射程,需使消防炮及炮管的流道横截面积逐渐减小,其原因是(　　)。

A. 流道横截面积减小,液体流速逐渐增大,压强逐渐减小

B. 流道横截面积减小,液体流速逐渐减小,压强逐渐增大

C. 流道横截面积减小,液体流速逐渐增大,压强逐渐增大

D. 流道横截面积增大,液体流速逐渐增大,压强逐渐增大

**分析**:根据流体的连续性原理 $S_1 v_1 = S_2 v_2$ 可知,流体通过同一管道任一横截面的流速与横截面积成反比。消防炮及炮管的流道横截面积逐渐减小,液体流速逐渐增大,再根据初中学过的流体压强与流速的关系可知,流速越大,压强越小。因此 A 正确。

**解**:选择 A。

**方法指导**:利用流体的连续性原理和流体压强与流速的关系分析。

## 三、素养提升训练

**1. 填空题**

(1)加在密闭液体上的压强,能按照它原来的_____由液体向_____传递,这一规律称为帕斯卡定律。

(2)液压机、水压机、千斤顶、液压制动系统等机械都是应用_____定律的实例。在小活塞上加不大的压力,在大活塞上就可以得到_____的压力。

(3)把不可_____的、没有_____的流体称为理想流体,它是_____的物理模型。

(4)在理想流体的稳定流动中,_____时间内流过同一管道中任意横截面的流体体积_____,称为流体的连续性原理。

*(5)三峡段水流横截面积比九江段小,由流体的_____原理可知,三峡段的流速要比在九江段_____得多。

*(6)当空气由开阔地区进入山地峡谷口时,气流的横截面积_____,由于空气质量不可能在这里堆积,由流体的_____原理可知,气流速度_____,从而形成强风。

**2. 判断题**

(1)水、酒精等实际存在的液体具有流动性、可压缩性和黏滞性。　　　　　　　(　　)

（2）理想流体是不存在的,它忽略了实际流体的可压缩性和黏滞性。　　　　　（　　）

（3）理想流体的稳定流动中通过不同截面的管道时,流量保持不变。　　　　　（　　）

（4）帕斯卡球实验表明,液体可以大小不变地传递压力。　　　　　　　　　　（　　）

*（5）稳流是指流体流过空间中任意一点处的流速都不随时间变化。　　　　　（　　）

*（6）流过某一横截面的流体的体积,称为通过这个横截面的流量。　　　　　（　　）

3. 单选题

（1）用软管浇花时,将出水口捏得小一点,出水速度就大。下列说法错误的是（　　　）。

　　A. 流体通过同一管道任一横截面的流速与横截面积成反比

　　B. 可用流体的连续性原理分析此现象

　　C. 管道较粗的地方流速小,管道较细的地方流速大

　　D. 可用帕斯卡定律分析此现象

（2）小巧的千斤顶能支起几吨重的小轿车,它的工作原理是（　　　）。

　　A. 流体的连续性原理　　　　　　　　B. 帕斯卡定律

　　C. 流体压强与流速的关系　　　　　　D. 以上说法都不正确

（3）理想流体在一根粗细不同的圆管中流动,已知粗管直径是细管的 2 倍,则细管的流速是粗管的（　　　）倍。

　　A. 2　　　　　　　B. 4　　　　　　　C. $\dfrac{1}{2}$　　　　　　　D. $\dfrac{1}{4}$

（4）图 8-2-3 所示为一根水平放置的变截面水管,当水在管中流动时,关于图中 $A$、$B$ 两点的流速、压强,下列说法正确的是（　　　）。

　　A. $v_A < v_B$, $p_A < p_B$

　　B. $v_A < v_B$, $p_A > p_B$

　　C. $v_A > v_B$, $p_A > p_B$

　　D. $v_A > v_B$, $p_A = p_B$

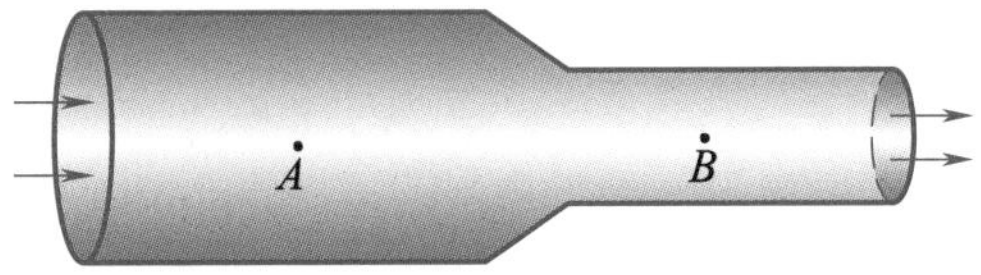

图 8-2-3

*（5）汽油发动机的化油器是向气缸供给燃料与空气的混合物的装置。汽油的喷嘴安装在化油器管腔内的狭窄位置,活塞做吸气冲程时,吸入管内的空气流经管的狭窄部分时（　　　）。

　　A. 面积小,流速大,压强小　　　　　　B. 面积小,流速小,压强小

　　C. 面积小,流速小,压强大　　　　　　D. 不能用流体的连续性原理分析

*（6）台风能吹垮大桥是因为台风吹过桥面上比桥洞流道（　　　）。

　　A. 面积大、风速大、压强大,产生了较大压强差

　　B. 面积大、风速小、压强大,产生了较大压强差

　　C. 面积大、风速大、压强小,产生了较大压强差

　　D. 以上说法都不正确

4. 实践题

在桌上放一只乒乓球,只要对着它轻轻地吹一口气,球就会沿着吹气的方向滚动。如果将

一只漏斗放在球的上方,如图 8-2-4 所示,用嘴对着漏斗使劲吹气,小球不但没有被吹走,反而被漏斗吸了上去。与同学讨论,这是为什么?

图 8-2-4

## 四、技术中国

### 海上液压打桩锤

液压打桩锤(图 8-2-5)是一种以液压油作为工作介质,利用液压油的压力来传递动力,驱动锤子进行打桩作业的基础施工装备。海上液压打桩锤是目前海洋资源开发施工的主力装备。2019 年 12 月,我国首台具有完全自主知识产权的最大打击能量为 2 500 kJ 液压打桩锤——国内最大规格的海上作业液压打桩锤研制成功,打破了国外对大型海上作业液压打桩锤的长期技术封锁和市场垄断,对提高我国海洋资源开发能力具有里程碑式的意义。

图 8-2-5

# 第三节　理想气体状态方程

## 一、重点难点解析

### （一）气体实验三定律的比较（表 8-3-1）

表 8-3-1

| 定律名称 | 适用情况 | 数学表达式 |
|---|---|---|
| 玻意耳-马略特定律 | 等温变化 | $p_1V_1 = p_2V_2$ |
| 查理定律 | 等容变化 | $\dfrac{p_1}{T_1} = \dfrac{p_2}{T_2}$ 或 $\dfrac{p_1}{p_2} = \dfrac{T_1}{T_2}$ |
| 盖·吕萨克定律 | 等压变化 | $\dfrac{V_1}{T_1} = \dfrac{V_2}{T_2}$ 或 $\dfrac{V_1}{V_2} = \dfrac{T_1}{T_2}$ |

### （二）理想气体状态方程

1. 理想气体

（1）概念。实际气体是非常复杂的，为了研究方便，可以设想一种气体，在任何温度、任何压强下都遵守气体实验定律，这样的气体称为理想气体。

（2）理想气体是一种理想化的物理模型，实际并不存在。在压强不太大（跟大气压相比），温度不太低（跟室温相比）的条件下，实际气体都可以当作理想气体来处理，这就应用了近似处理法。

2. 理想气体状态方程

（1）概念。一定质量的某种理想气体，在状态变化时，其压强 $p$ 跟体积 $V$ 的乘积与热力学温度 $T$ 的比值保持不变。

（2）公式。$\dfrac{p_1V_1}{T_1} = \dfrac{p_2V_2}{T_2}$。

（3）成立条件。理想气体的质量在状态变化过程中保持不变。

（4）气体的三个实验定律是理想气体状态方程的三个特例。

## 二、应用实例分析

实例 1　一只氧气瓶能承受的最大压强为 $1×10^6$ Pa，给它灌满氧气后温度为 27 ℃，压强为

$9\times10^5$ Pa,问能否将它置于 87 ℃的环境中?

分析:氧气瓶内的温度会随环境温度的变化而变化,氧气瓶的容积可认为不变。计算出在 87 ℃时,瓶内气体的压强,然后与氧气瓶所能承受的最大压强 $p_{max}=1\times10^6$ Pa 比较,即可得出答案。

解:初状态气体的状态参量为

$$p_1=9\times10^5\ \text{Pa},T_1=(273+27)\,\text{K}=300\ \text{K}$$

末状态气体的状态参量为

$$p_2=\frac{p_1T_2}{T_1},T_2=(273+87)\,\text{K}=360\ \text{K}$$

把氧气看作理想气体,由于氧气的体积不变,根据查理定律 $\dfrac{p_1}{T_1}=\dfrac{p_2}{T_2}$,可得

$$p_2=\frac{p_1T_2}{T_1}=\frac{9\times10^5\times360}{300}\ \text{Pa}=1.08\times10^6\ \text{Pa}$$

因 $1.08\times10^6$ Pa$>1\times10^6$ Pa,即 $p_2>p_{max}$,所以该氧气瓶会爆炸,因此,不能将该氧气瓶放在 87 ℃的环境中。

方法指导:分析此类问题,首先要看其质量在气体状态变化前后有没有发生变化,如果气体质量不变,再看气体的 $p$、$V$、$T$ 有没有保持不变的,若其中某一物理量保持不变,则可选择气体实验三定律中的某一定律求解。

实例2 内燃机气缸里的混合气体,在吸气冲程结束瞬间,温度为 47 ℃,压强为 $1.0\times10^5$ Pa,体积为 $9.6\times10^{-4}$ m³,在压缩冲程中,把气体的体积压缩为 $1.5\times10^{-4}$ m³,气体的压强增大到 $1.2\times10^6$ Pa,这时混合气体升高到多少摄氏度?

分析:找到气缸内混合气体初、末状态的 $p$、$V$、$T$,运用理想气体状态方程即可求解。

解:把内燃机气缸里的混合气体看作理想气体,初状态气体的状态参量为

$$p_1=1.0\times10^5\ \text{Pa},V_1=9.6\times10^{-4}\ \text{m}^3,T_1=(273+47)\,\text{K}=320\ \text{K}$$

末状态气体的状态参量为

$$p_2=1.2\times10^6\ \text{Pa},V_2=1.5\times10^{-4}\ \text{m}^3$$

根据理想气体状态方程 $\dfrac{p_1V_1}{T_1}=\dfrac{p_2V_2}{T_2}$,可得

$$T_2=\frac{p_2V_2T_1}{p_1V_1}=\frac{1.2\times10^6\times1.5\times10^{-4}\times320}{1.0\times10^5\times9.6\times10^{-4}}\ \text{K}=600\ \text{K}$$

由 $T=t+273$,可得

$$T_2=t_2+273$$

这时混合气体温度为

$$t_2=(600-273)\,℃=327\ ℃$$

方法指导:利用理想气体状态方程、摄氏温标与热力学温标的数值关系即可求得混合气体的温度。

## 三、素养提升训练

**1. 填空题**

（1）在研究气体热力学性质时，气体的_____、_____、_____三个状态参量往往是相互影响的。如果研究质量一定的理想气体，在某个状态参量不变的情况下，研究另外两个状态参量间的相互关系，这种方法称为_____法。

（2）气体的体积就是指气体所充满容器的_____，气体的温度表示气体的_____，是气体分子_____的标志；气体的压强是气体作用在器壁单位面积上的_____，是由于大量做_____热运动的气体分子对器壁的撞击而产生的。

（3）一定质量的某种气体，在_____保持不变时，压强与体积成_____，称为玻意耳-马略特定律，公式为_____。

（4）一定质量的某种气体，在_____不变的情况下，压强 $p$ 与热力学温度 $T$ 成_____，称为查理定律，公式为_____。

（5）一定质量的某种气体，在_____保持不变的条件下，体积与热力学温度成_____，称为盖·吕萨克定律，公式为_____。

*（6）一定质量的某种理想气体，在从某一状态变化到另一状态时，尽管其压强 $p$、体积 $V$ 和温度 $T$ 都可能改变，但压强 $p$ 跟体积 $V$ 的乘积与热力学温度 $T$ 的_____却_____，这个方程就称为理想气体状态方程，公式为_____。

*（7）图 8-3-1 所示为气压式水枪储水罐原理示意图，从储水罐充气口充入气体，达到一定压强后，关闭充气口。扣动扳机将阀门 M 打开，水即从枪口喷出。若在水不断喷出的过程中，罐内气体温度始终保持不变，则气体体积_____，压强_____。

图 8-3-1

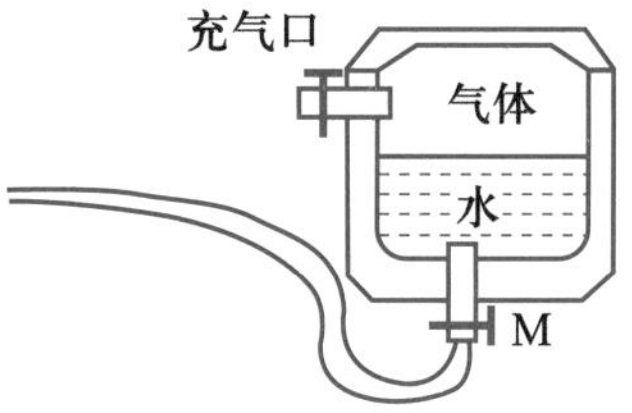

**2. 判断题**

（1）理想气体是一种理想化模型，实际并不存在。　　　　　　（　　）

（2）一定质量的气体，其体积、压强、温度都可以变化。　　　（　　）

（3）一定质量的理想气体在等压变化中体积与温度的比值是一个变量。（　　）

（4）高压锅易将食物煮烂，表明等容过程中的压强随温度升高而增大。（　　）

*（5）理想气体在超低温和超高压时，气体实验定律不再适用。　（　　）

*（6）体积不变而压强增大时，气体分子的平均动能一定增大。　（　　）

**3. 单选题**

（1）焊接和切割作业用的氧气瓶、乙炔瓶，如果充满气体后在烈日下暴晒，尤其在夏天随时都有爆炸的危险。下列分析正确的是（　　）。

　　A. 可看作等容变化，暴晒后气体温度升高，压强增大

　　B. 可看作等压变化，暴晒后气体温度升高，体积增大

C. 暴晒后气体压强随体积增大而增大

    D. 暴晒后气体压强随温度增大而减小

（2）下列关于理想气体的说法正确的是(　　　)。

    A. 在压强不太大、温度不太低的条件下,实际气体可看作理想气体

    B. 理想气体是压强不太大、温度很低条件下的实际气体

    C. 在室温和标准大气压下,遵守气体实验定律的气体称为理想气体

    D. 高压储存罐中的气体可看成理想气体

（3）在一个温度不变的水池中,一个小气泡从池底缓慢向上浮起,在这个过程中,下列说法正确的是(　　　)。

    A. 气泡的体积不变,泡内气体压强不变

    B. 气泡的体积变大,泡内气体压强变大

    C. 气泡的体积变小,泡内气体压强变大

    D. 气泡的体积变大,泡内气体压强变小

（4）封闭在体积不变的容器中的气体,当温度升高时(　　　)。

    A. 密度和压强都增大　　　　　　　　B. 密度增大,压强不变

    C. 密度和压强都不变　　　　　　　　D. 密度不变,压强增大

*（5）在一端开口、一端封闭的玻璃管内,用一小段水银柱封闭了一定质量的空气。将玻璃管按下列四种情况放置,管内空气压强最小的是(　　　)。

A.　　　　　　　　B.　　　　　　　　C.　　　　　　　　D.

*（6）向一个空的易拉罐中放入少量的水,用夹子夹住易拉罐放在燃气灶上烤一小段时间,然后迅速用湿布塞住易拉罐口。下列说法正确的是(　　　)。

    A. 发生了膨胀,甚至会爆炸

    B. 罐内气体压强随温度的降低而减小

    C. 罐内气体压强随体积的减小而增大

    D. 发生了自缩现象,罐内气体体积随温度的降低而减小

**4. 计算题**

（1）存放在冷库内的密闭且能导热的氮气瓶,其容积为 $V$,瓶内气体的压强为 $0.9p_0$,温度与冷库内温度相同。现将氮气瓶移至冷库外,假设冷库外的环境温度保持 27 ℃不变,稳定后瓶内气体压强变为 $p_0$,求:冷库内的温度。

*(2) 给某包装袋充入氮气后密封,在室温下,袋中气体压强为 1 个标准大气压、体积为 1 L。若将其缓慢压缩到压强为 2 个标准大气压,气体的体积变为 0.45 L。请通过计算判断该包装袋是否漏气。

**5. 实践题**

试尝试设计一个喷泉实验。可以选用的器材有:一根长直吸管、带有橡皮塞的玻璃瓶、一杯温度稍高的热水、一杯与室温相同的温水、一个方形塑料容器。看看能否实验成功,并分析产生喷泉的原因。

***6. 简答题**

在搜索着火点时常用高压水枪将高温的热烟降温(图 8-3-2),水雾变成水蒸气要吸收热量,可以大幅度降低烟热层的温度和热辐射,延缓轰燃的发生。与同学讨论,这是为什么呢?(忽略压强变化)

图 8-3-2

##  四、技术中国

### 世界领先的压缩空气储能技术

利用电网负荷低谷时的剩余电力将空气压缩,并将其储存在高压密封设施内,在用电高峰时再将它释放出来驱动燃气轮机发电,这是一种新型储能蓄电技术,具有规模大、成本低、寿命长、清洁无污染等优点,因此也是一种更为高效的能源利用方式。

压缩空气储能技术门槛高,研发难度大。目前,中国科学院已突破了 100 MW 级压缩空气储能技术的瓶颈,其整体研发进程及系统性能均处于国际领先水平。2013 年,我国在河北省廊坊市建成了国际上首套 1.5 MW 级先进压缩空气储能国家示范项目。2016 年,我国在贵州省毕节市建成了国际上唯一的 10 MW 级先进压缩空气储能国家示范项目。同时,我国第一个 10 MW 级商业电站——山东省肥城市压缩空气储能电站已基本建成,世界首座非补燃式压缩空气储能商业电站——金坛盐穴压缩空气储能项目(图 8-3-3),已于 2021 年 8 月投入使用。另外,全球首套 100 MW 级先进压缩空气储能示范项目也于 2021 年年底顺利并网,整体研发进程及系统性能均处于国际领先水平。

图 8-3-3

# 第四节　学生实验：测量气体的压强

## 一、重点难点解析

### （一）原理与方法

把 U 形管压强计的左侧管与被测气体相通，当被测气体的压强大于大气压时，如图 8-4-1（a）所示，则被测压强 $p = p_0 + \rho g h$。当被测气体的压强小于大气压时，如图 8-4-1（b）所示，则被测气体的压强 $p = p_0 - \rho g h$。

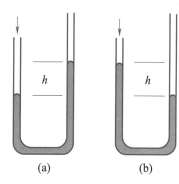

图 8-4-1

### （二）操作注意事项

（1）在用热水、温水、冰水给烧瓶中的气体加热或降温时，要等待 3 min 再用温度计测温度。

（2）水的温度不能太高或太低。

（3）福廷式水银气压计必须竖直放置，调节螺旋时动作要缓慢，不可过急。

## 二、素养提升训练

**1. 填空题**

（1）把 U 形管压强计的左侧管跟被测气体相通，如果被测气体的压强大于大气压，则压强计右侧液面比左侧的高 $h$，被测压强 $p =$ ＿＿＿＿＿＿＿，如果被测气体的压强比大气压小，则左侧液面比右侧液面高 $h$，被测压强 $p =$ ＿＿＿＿＿＿＿（大气压为 $p_0$）。

（2）U 形管压强计测气体的压强实验中，如果忽略气体体积变化，气体的压强随温度的升高而＿＿＿＿＿＿，气体的压强随温度的降低而＿＿＿＿＿＿。压强与温度的比值是＿＿＿＿＿＿。

（3）福廷式水银气压计必须＿＿＿＿＿＿放置，调节螺旋时动作要＿＿＿＿＿＿，不可过急。

（4）适量热水、温水、冰水给烧瓶中的气体加热或降温，用＿＿＿＿＿＿测温度，要等待 3 min 再读数，是为了让水、烧瓶及其中的气体和温度计充分热交换，达到＿＿＿＿＿＿，测出的温度才准确。

**2. 简答题**

用 U 形管压强计探究气体的压强与温度的关系时，温度计为什么不要接触水槽的壁和底？水的温度为什么不能太热或太低？

## 自我评价反思

　　针对本主题"素养提升训练"的完成情况,同学们可从核心素养发展、学习行为表现、学习兴趣提升等方面寻找自己的收获与亮点,查找疑惑与不足,并填写表 8-5-1。

表 8-5-1

| 自我评价内容 | 收获与亮点 | 疑惑与不足 |
| --- | --- | --- |
| 物理观念及应用 | | |
| 科学思维与创新 | | |
| 科学实践与技能 | | |
| 科学态度与责任 | | |

## 学业水平测试

(时间:90 min,总分:100 分)

**一、填空题(每空 1 分,累计 22 分)**

1. 在一条河流中,河面宽阔的地方,水流平稳,河面狭窄的地方,水流很急,这表明流体通过同一管道任一横截面的流速与横截面积成_____。即管道较粗的地方流速_____,管道较细的地方流速_____。

2. 恒温环境中,在导热良好的注射器内,用活塞封闭了一定质量的理想气体。用力缓慢向外拉活塞,此过程中可认为温度不变,则体积_____,压强_____。

3. 组成单晶体的微粒(分子、原子或离子)在空间是按照一定的规律排列的,彼此相隔一定的_____排列成整齐的行列,通常把这样的微观结构称为_____,具有_____和_____特点。

4. 加在密闭液体上的_____,能按照它原来的大小由液体向_____传递,这一规律称为帕斯卡定律。小巧的千斤顶却能支起几吨重的小轿车,工作原理是_____。

5. 一定质量的理想气体,等温变化过程中,_____定律成立,公式为_____;等容变化过程中,_____定律成立,公式为_____;等压变化过程中,_____定律成立,公式为_____。

*6. 图 8-6-1 所示为伽利略设计的一种测温装置示意图,玻璃管的上端与导热良好的玻璃泡连通,下端插入水中,玻璃泡中封闭有一定质量的空气,若玻璃管中水柱上升,则外界大气的变化可能是温度_____,压强_____。

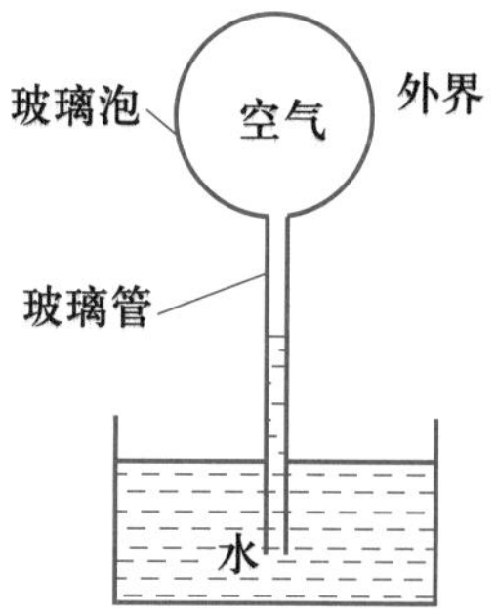

*7. 舰载机尾焰的温度超过 1 000 ℃,因此国产航空母舰"山东舰"甲板选用耐高温的钢板。显然,钢板是_____(填"晶体"或者"非晶体"),_____(填"有"或者"没有")固定的熔点。

图 8-6-1

**二、判断题(每题 3 分,累计 18 分)**

1. 晶体的一切物理性质都是各向异性的。 ( )

2. 只有单晶体的物理性质是各向异性的,多晶体的物理性质是各向同性的。 ( )

3. 在质量和体积不变的情况下,气体的压强与摄氏温度成正比。 ( )

4. 一定质量的理想气体,若压强变大,则温度一定升高。 ( )

*5. 通过人工的方法可以使晶体与非晶体相互转化。 ( )

*6. 由于表面张力的缘故,处于完全失重状态的水银滴呈球形。 ( )

主题八　固体、液体和气体的性质及其应用

**三、单选题（每题 6 分，累计 36 分）**

1. 下列关于理想流体的说法中，正确的是（　　）。

    A. 绝对不可压缩的流体是理想流体

    B. 完全没有黏滞性的流体是理想流体

    C. 水、乙醇、甘油都是理想流体

    D. 不可压缩的、没有黏滞性的流体是理想流体

2. 下列关于白磷与红磷的说法中，正确的是（　　）。

    A. 它们是由不同的物质微粒组成的

    B. 它们有着微粒排列规律不同的晶体结构

    C. 它们具有相同的物理性质

    D. 白磷和红磷各向同性

3. 关于晶体和非晶体，下列说法中，正确的是（　　）。

    A. 各向同性和各向异性只能鉴别晶体和非晶体

    B. 多晶体和非晶体都具有各向异性

    C. 是否具有规则的形状能鉴别晶体和非晶体

    D. 是否具有固定的熔点能鉴别晶体和非晶体

4. 关于液体的表面张力，下列说法正确的是（　　）。

    A. 表面张力是液面分子间相互吸引的力

    B. 表面层中分子间的斥力使液面产生了表面张力

    C. 表面张力和液面垂直

    D. 表面张力使液体表面具有扩张的趋势

\*5. 一定质量的理想气体，其状态变化曲线如图 8-6-2 所示，气体由状态 $A$ 沿直线经 $B$ 变化到 $C$，则气体在 $A$、$B$、$C$ 三个状态下的热力学温度之比为（　　）。

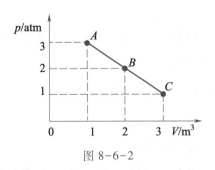

图 8-6-2

    A. $1:1:1$　　　　B. $1:2:3$　　　　C. $3:4:3$　　　　D. $4:3:4$

\*6. 气闸舱是载人航天器中供航天员进入太空或由太空返回时用的气密性装置，其原理如图 8-6-3 所示。座舱 A 与气闸舱 B 之间装有阀门 S，座舱 A 中充满空气，气闸舱 B 内为真空。当航天员由太空返回气闸舱 B 后，打开阀门 S，让 A 中的气体进入 B 中，在达到平衡后航天员再次进入座舱 A。假设此过程中系统与外界没有热交换，舱内气体可视为理想气体，下列说法

错误的是(　　)。

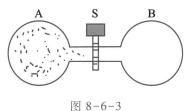

图 8-6-3

A. 气体分子的平均动能不变

B. 气体温度不变,体积增大,压强减小

C. 气体分子单位时间内与座舱 A 的舱壁单位面积的碰撞次数将减少

D. 气体温度不变,体积减小,压强增大

四、计算题(每题 7 分,累计 14 分)

1. 在温度为 27 ℃时,氧气瓶上压强计的读数为 $6.0 \times 10^6$ Pa,当温度降低至 7 ℃时,氧气瓶上压强计的读数为多少?

2. 气焊用的氧气储存于容积为 100 L 的筒内,这时筒上压强计显示的压强是 $60p_0$($p_0 = 1.0 \times 10^5$ Pa),筒的温度是 16 ℃,求筒内氧气在温度为 0 ℃、压强为 $p_0$ 时的体积。

五、简答题(10 分)

如图 8-6-4 所示,某自动洗衣机进水时,与洗衣缸相连的细管中会封闭一定质量的空气,通过压力传感器感知细管中的空气压力,从而控制进水量。假设细管中的空气温度不变,则当洗衣缸内水位升高时,细管中被封闭的空气体积、压强将怎样变化,为什么?

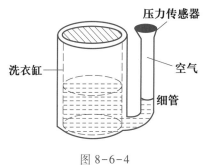

图 8-6-4

# 光现象及其应用

**知识脉络思维导图**

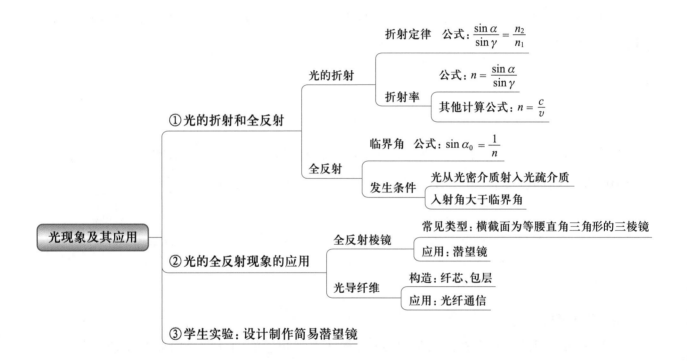

# 第一节 光的折射和全反射

## 一、重点难点解析

### （一）光的折射

**1. 概念**

光从一种均匀介质射入另一种均匀介质时,传播方向在界面处会发生改变的现象,称为光的折射。

**2. 折射定律**

（1）公式。$\dfrac{\sin \alpha}{\sin \gamma} = \dfrac{n_2}{n_1}$或 $n_1 \sin \alpha = n_2 \sin \gamma$。

（2）在折射现象中,光路是可逆的。

**3. 折射率**

（1）概念。光从真空射入某种介质发生折射时,入射角 $\alpha$ 的正弦跟折射角 $\gamma$ 的正弦之比,称为这种介质的折射率。

（2）定义式。$n = \dfrac{\sin \alpha}{\sin \gamma}$,这里用的是比值定义法。

（3）折射率与波速间的关系。$n = \dfrac{c}{v}$,由于光在任何介质中的传播速度 $v$ 小于光在真空中的速度 $c$,所以任何介质的折射率都大于1。

（4）理解。折射率由介质本身的性质决定,与入射角的大小无关。

### （二）全反射

**1. 概念**

当光线从光密介质进入光疏介质时(图9-1-1),当入射角增大到某一程度,使折射角达到90°时(图9-1-2),折射光线完全消失,只剩下反射光,这种入射光线在介质分界面上被全部反射的现象称为全反射。

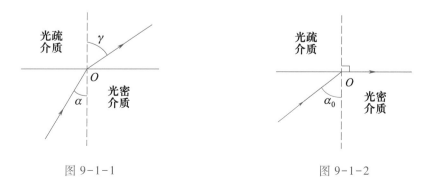

图9-1-1　　　　　　　　　　　　图9-1-2

2. 临界角

（1）折射角等于90°时的入射角 $\alpha_0$。

（2）临界角与折射率的关系。

① 定量关系：光由介质射入真空（或空气）时，$\sin \alpha_0 = \dfrac{1}{n}$。

② 定性关系：介质的折射率越大，其临界角越小，越容易发生全反射。

3. 发生全反射必须满足两个条件

（1）光从光密介质射向光疏介质。

（2）入射角大于临界角。

## 二、应用实例分析

**实例 1**　已知水、水晶、玻璃和二硫化碳的折射率分别为 1.33、1.55、1.60 和 1.63，如果光按以下几种方式传播，可能发生全反射的情况是（　　　）。

  A. 从水射入水晶　　　　　　　　B. 从水晶射入玻璃

  C. 从玻璃射入水中　　　　　　　D. 从水射入二硫化碳

分析：A 选项中水和水晶相比、B 选项中水晶和玻璃相比、D 选项中水和二硫化碳相比，前者均是光疏介质，后者均是光密介质，故这三个选项都是光从光疏介质射入光密介质，根据发生全反射的条件判断，A、B、D 均不可能发生全反射。

解：选择 C。

方法指导：首先判断两种介质，哪个是光密介质、哪个是光疏介质，然后根据全反射条件判断。

**实例 2**　高速公路上的标志牌大多采用"回归反光膜"制成。当夜间车灯照射到其表面时，能把车灯射出的光逆向返回，从而使标志牌上的字显得特别醒目。这种"回归反光膜"是用球体反射元件制成的，反光膜内均匀分布着一层直径为 $10 \ \mu\mathrm{m}$ 的细玻璃珠，所用玻璃的折射率为 $\sqrt{3}$。为使入射的车灯光线经玻璃珠折射→反射→再折射后恰好和入射光线平行，如图 9-1-3 所示，那么第一次入射的入射角应为多大？

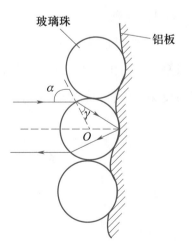

图 9-1-3

  分析：通过"回归反光膜"的光路图，可以证明入射角 $\alpha$ 是折射角 $\gamma$ 的 2 倍，即 $\alpha = 2\gamma$。由于玻璃的折射率已知，故由折射率定义式 $n = \dfrac{\sin \alpha}{\sin \gamma}$，可求出折射角 $\gamma$，再通过 $\alpha = 2\gamma$ 的关系求出入射角 $\alpha$。

  解：根据题意得 $\alpha = 2\gamma$，由折射率的定义式得

$$n = \frac{\sin \alpha}{\sin \gamma} = \frac{2\sin \gamma \cos \gamma}{\sin \gamma} = 2\cos \gamma = \sqrt{3}$$

$$\gamma = 30°$$

$$\alpha = 2\gamma = 60°$$

方法指导:求解本题需要具备一定的平面几何知识。首先要画出光路图,由于要求射入光线和最终射出光线平行,则可以证明 $\alpha = 2\gamma$,这是求解本题的关键。然后根据折射率定义式 $n = \frac{\sin \alpha}{\sin \gamma}$ 求解。

## 三、素养提升训练

**1. 填空题**

(1)入射光线在介质分界面上被全部_____的现象称为全反射。折射角等于 90° 时的入射角 $\alpha_0$ 称为_____。

(2)光从一种均匀介质射入另一种均匀介质时,传播方向在界面处发生_____的现象,称为光的_____。

(3)光从真空射入某种介质发生折射时,_____角的正弦跟_____角的正弦之比,称为这种介质的折射率。这种定义物理量的方法称为_____定义法。

(4)发生全反射必须满足两个条件:光从_____介质射向_____介质;入射角_____临界角。

*(5)一束光从某介质射向真空,当入射角为 $\alpha_0$ 时,折射光恰好消失。已知光在真空中的传播速度为 $c$,则此光在该介质中的传播速度为_____。

*(6)如图 9-1-4 所示,$a$、$b$ 两束平行单色光从空气射入水中时,发生了_____现象,由图可知 $a$ 光的折射角比 $b$ 光的折射角小,则 $a$ 光的折射率比 $b$ 光_____,$a$ 光在水中的传播速度比 $b$ 光_____,若两平行光束由水中射向空气,随着入射角的增大,_____光先发生全反射。

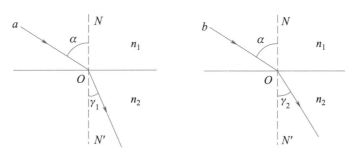

图 9-1-4

**2. 判断题**

(1)折射率与介质的密度没有关系,光密介质不是指密度大的介质。　　　　　　　　　(　　)

（2）在光的反射和全反射现象中,光路均是可逆的。 （    ）

（3）光线从光密介质进入光疏介质一定会发生全反射现象。 （    ）

（4）全反射现象中,只发生反射,不发生折射,遵循光的反射定律。 （    ）

*（5）不同颜色的光在同一种介质中的折射率不同。 （    ）

*（6）当光从一种介质入射到另一种介质时,折射和反射不会同时发生。 （    ）

3. 单选题

（1）关于光的折射现象,下列说法中正确的是（    ）。

    A. 折射角一定大于入射角

    B. 折射率由介质本身的性质决定,与折射角的大小无关

    C. 折射角增大为原来的 3 倍,入射角也增大为原来的 3 倍

    D. 折射率大的介质,光在其中的传播速度大

（2）关于折射率,下列说法中正确的是（    ）。

    A. 有些介质的折射率可能小于 1

    B. 根据 $\dfrac{\sin \alpha}{\sin r}=n$,入射角改变时,入射角的正弦与折射角的正弦的比值不变

    C. 折射角和入射角的大小决定着折射率的大小

    D. 两种介质相比较,光在折射率较小的介质中传播速度小

（3）关于全反射现象,下列叙述中正确的是（    ）。

    A. 发生全反射时也有折射光线,只是折射光线很弱

    B. 光从光密介质射向光疏介质时,一定会发生全反射现象

    C. 光从光密介质射向光疏介质时,有可能会发生全反射现象

    D. 光从光疏介质射向光密介质时,有可能会发生全反射现象

（4）若某一介质的折射率较大,那么（    ）。

    A. 光由空气射入该介质时折射角较大

    B. 光由空气射入该介质时折射角较小

    C. 光在该介质中的速度较大

    D. 光在该介质中的速度较小

（5）下列选项中,不属于全反射现象的是（    ）。

    A. 海水的浪花呈现白色

    B. 水中的气泡亮晶晶的

    C. 夏天热的柏油路面显得格外明亮光滑

    D. 筷子在水面处发生弯折

（6）下列关于全反射的说法错误的是（    ）。

    A. 全反射是光的折射的特殊现象

    B. 只要入射角大于或等于临界角就能发生全反射

C. 入射角逐渐增大,反射光的能量逐渐增强,折射光的能量逐渐减弱

D. 当入射角等于临界角时,折射光的能量已经减弱为零,发生了全反射

\*(7) 在水中同一深度并排放着红、黄、蓝三种颜色的球,已知红、黄、蓝的折射率依次增大,若在水面正上方俯视这三个球,感觉最浅的是(　　　)。

A. 黄色球　　　　　B. 蓝色球　　　　　C. 红色球　　　　　D. 同样深

\*(8) 已知玻璃的临界角为 42°,一条光线垂直入射到横截面为等腰直角三角形的三棱镜的 AB 面上(图 9-1-5);若光线在 AC 面上发生全反射,则角 θ 的值应为(　　　)。

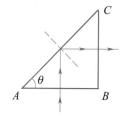

A. 大于 42°　　　　　　　　　　B. 42°

C. 45°　　　　　　　　　　　　D. 大于 46°

图 9-1-5

**4. 实践题**

现有透明的塑料瓶、彩色纸、剪刀、笔、水桶、水。如图 9-1-6 所示,在彩色纸上画一个"人",高度约为塑料瓶的一半,把剪下来的纸人卷起后放进塑料瓶中,盖上瓶盖。把塑料瓶慢慢放进装满水的桶里。并调整塑料瓶的倾斜角度,最后人形剪纸消失不见了。这是为什么?

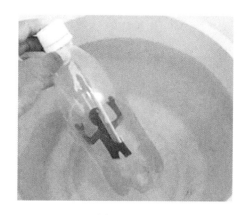

图 9-1-6

### 四、技术中国

#### 人类最远距离激光测距试验

角反射器是一种由三个相互垂直的平面组成的能反射光等电磁波的装置。其中一种反射光的角反射器由石英直角锥棱镜组成。角反射器的特点是:无论光从哪一个方向射入正面圆形通光孔,都能经两次或三次反射,逆着原方向反射回去。

2018 年 5 月 21 日,在我国发射的为嫦娥四号月球探测任务提供地月间信息传输功能的"鹊桥号"中继通信卫星上,科学家就安装了超高清的大孔径激光角反射器(图 9-1-7),其原理如图 9-1-8所示,以此进行激光测距。地球观测站发出的激光波束,可以准确找到约 $4.5 \times 10^5$ km 外高速飞行的"鹊桥号"中继星,其上的角反射器能将激光按入射方向反射回地球观察站,通过

发送、接收的时间差,计算出两者之间的距离,这是目前最远距离的激光测距试验。

图 9-1-7

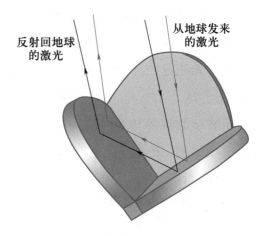

图 9-1-8

反射回地球的激光

从地球发来的激光

## 第二节  光的全反射现象的应用

### 一、重点难点解析

**（一）全反射棱镜**

（1）概念。能够发生全反射的棱镜称为全反射棱镜。

（2）常见举例。最常见的全反射棱镜是横截面为等腰直角三角形的三棱镜,其临界角约为 42°。

（3）光学特性。

① 当光垂直于截面的直角边射入棱镜时,光在截面的斜边上发生全反射,光射出棱镜时,传播方向改变了 90°。

② 当光垂直于截面的斜边射入棱镜时,在直角边上各发生一次全反射,使光的传播方向改变了 180°。

（4）全反射棱镜应用在潜望镜里的光路图,如图 9-2-1 所示。

**（二）光的全反射应用**

（1）光导纤维

① 构造:纤芯和包层。实际的单模光纤在包层外面还有缓冲涂覆层等。

图 9-2-1

② 材料可以是玻璃、石英、塑料、液芯等。

③ 传播原理:利用了光的全反射原理。纤芯折射率比包层的折射率大得多,当光的入射角大于临界角时,光从一端传输到另一端的过程中,在纤芯和包层界面上不断发生全反射。

④ 光纤通信是指以光纤作为传输媒介,将光波作为传播信息的载体的一种通信方式。其主要优点是:容量大,能量损耗小、抗干扰能力强,保密性好等。

（2）医学上的内窥镜利用了光的全反射原理。

### 二、应用实例分析

**实例**  在信号传输领域,光缆几乎完全取代了传统的铜质"电缆",成为传播信息的主要工具,是互联网的骨架,并已连接到普通家庭。如图 9-2-2 所示,一条圆柱形的光导纤维,长为 $L$,它的内芯的折射率为 $n_1$,外层材料的折射率为 $n_2$,光从一端射入,经全反射后从另一端射出,所需的最长时间为 $t$,请回答以下问题:

（1）光纤通信的优点。

（2）$n_1$ 和 $n_2$ 的大小关系。

（3）最长时间 $t$ 的大小（图中标的 $\alpha$ 为全反射的临界角，其中 $\sin \alpha = \dfrac{n_2}{n_1}$）。

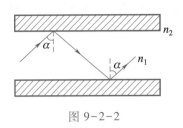

图 9-2-2

分析：光导纤维内芯和外套的材料不同，它们具有不同的折射率。要想使光的损失最小，光在光导纤维里传播时必须要发生全反射。

解：（1）光纤通信在单位时间内传输的信息量大。同时它具有体积小、重量轻、抗辐射性强、保密性好、频带宽、抗干扰性好、防窃听、价格便宜等优点。

（2）欲使光在内芯和外套材料的界面上发生全反射，应满足 $n_1 > n_2$。

（3）光在介质中传播的最长路程为

$$x = \frac{L}{\sin \alpha}$$

传播速度为

$$v = \frac{c}{n_1}$$

故最长时间为

$$t = \frac{x}{v} = \frac{Ln_1}{c \sin \alpha} = \frac{Ln_1^2}{n_2 c}$$

方法指导：本光纤根据全反射原理和折射率公式即可求得。

## 三、素养提升训练

1. 填空题

（1）光导纤维对光的传导利用了_____原理。

（2）光纤主要由纤芯和包层组成。纤芯折射率比包层的折射率_____的多，当光的入射角_____临界角时，光在纤芯和包层界面上不断发生_____，使_____的能量最强，实现远距离传送。

（3）医学上用光导纤维制成内窥镜，它是利用了光的_____原理，它装有两组光纤。一组用来把光传送到人体内部用于照明：从光源内发出的强光，在纤芯和包层的界面上发生_____，使光沿纤芯传播，会聚到光纤的另一端，照明被观察物体；另一组用来观察人体胃、肠、气管等器官的内部。

（4）光在折射时遵循如下规律：折射光线跟入射光线和法线在_____平面内，折射光线和入射光线分居在_____的两侧,入射角的_____和折射角的_____之比,等于第二介质与第一介质的_____之比。

*(5) 全反射棱镜的横截面是_____三角形,当光垂直于直角边射向棱镜时,光的传播方向改变了_____;当光垂直于斜边射向棱镜时,光的传播方向改变了_____。在光学仪器里,常用全反射棱镜来改变光线的_____方向。

*(6) 上海虹桥高铁站应用了光纤式阳光导入系统,利用_____原理,通过自动精密跟踪太阳采集阳光,使用 240 m 长的光纤把阳光传送到地下几十米的站台。

**2. 判断题**

(1) 光导纤维传递信息就是利用光的折射现象。　　　　　　　　　　　　　　　(　　)

(2) 全反射棱镜具有平面镜的反射作用。　　　　　　　　　　　　　　　　　(　　)

(3) 光导纤维适应高低温环境,抗电磁干扰,耐放射性辐射。　　　　　　　　　(　　)

(4) 潜水艇里的潜望镜是由平面镜制成的。　　　　　　　　　　　　　　　　(　　)

*(5) 光纤是一种在一定程度上可以弯折、不透明的、能导光的纤维。　　　　　(　　)

*(6) 包层外面的缓冲涂覆层是用来保护光纤免受环境污染和机械损伤的。　　　(　　)

**3. 单选题**

(1) 研磨成多面体的钻石能够闪闪发光,下列说法错误的是(　　　　)。

　　A. 利用全反射现象

　　B. 打磨成特定的角度

　　C. 射到钻石背面光线的入射角大于临界角

　　D. 使射到钻石背面的光线大部分反射回来

(2) 潜艇在浮出水面前都必须先用潜望镜对海面上进行一次 360° 的观察,下列说法错误的是(　　　　)。

　　A. 潜望镜的工作原理是光的全反射

　　B. 潜望镜的镜子可由一对全反射棱镜组成

　　C. 光线的传播遵循光的反射定律

　　D. 光线的传播遵循光的折射定律

(3) 我国光纤通信处于世界领先地位,优点是容量大、衰减小、抗干扰性强。光导纤维由内芯和包层两层介质组成,下列说法正确的是(　　　　)。

　　A. 光纤通信依据的原理是光的折射　　　B. 内芯和包层的折射率相同

　　C. 内芯比包层的折射率大　　　　　　　D. 包层比内芯的折射率大

(4) 下列不属于光纤应用的是(　　　　)。

　　A. 高功率光纤激光器　　　　　　　　　B. 光导纤维式太阳光导入器

　　C. 光纤通信　　　　　　　　　　　　　D. 观后镜

*(5) 光线以某一入射角从空气射入折射率为 $\sqrt{3}$ 的玻璃中,已知折射角为 30°,则入射角等

于(　　)。

A. 30°　　　　　B. 45°　　　　　C. 60°　　　　　D. 75°

*(6) 含有很多角反射器的自行车红色尾灯[图9-2-3(a)]本身不发光,夜间骑行时,从后面汽车发出的强光照到尾灯后,会有较强的光被反射回去,使汽车司机注意到前面有自行车,尾灯的构造如图9-2-3(b)所示,下列说法中错误的是(　　)。

A. 在左边两个直角边上连续发生两次全反射

B. 利用全反射棱镜的原理使入射光线偏折180°

C. 汽车灯光应从右面射过来,在尾灯的右表面发生全反射

D. 汽车灯光应从右面射过来,在尾灯的左表面发生全反射

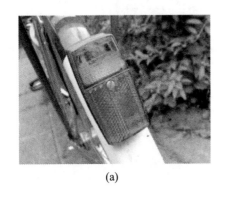
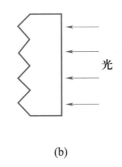

(a)　　　　　　　　(b)

图 9-2-3　　　　　　　　　　　　　　　　图 9-2-4

**4. 实践题**

图9-2-4所示是水流导光实验。在装满清水的透明塑料瓶上钻个孔,然后用激光笔水平照射穿过小孔。人们看到,发光的水从塑料瓶的小孔里流了出来,水流弯曲,光线也跟着弯曲。试解释为什么会发生这种水流导光现象?

***5. 简答题**

双筒望远镜为了将倒立的像扭正,缩短镜筒长度,获得较大的放大倍数,使用全反射棱镜组可以改变光的传播方向,试结合如图9-2-5所示的光路图说明望远镜的工作原理。

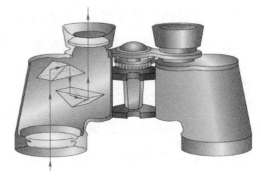

图 9-2-5

## 四、技术中国

### 光纤量子通信

2021 年,我国科学家突破了现场远距离高性能单光子干涉技术,利用超导探测器和光缆,实现了 428 km 双场量子密钥分发,并利用时频传递技术实现了 511 km 密钥分发,创造了现场无中继光纤量子密钥分发传输距离的新的世界纪录,为实现长距离光纤量子网铺平了道路。

## 第三节　学生实验：设计制作简易潜望镜

### 一、重点难点解析

**简易潜望镜的光路示意图**

图9-3-1(a)和图9-3-1(b)是分别用全反射棱镜和平面镜制作的简易潜望镜的光路示意图。

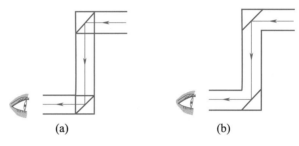

图 9-3-1

### 二、应用实例分析

**实例**　如图9-3-2所示,当光分别垂直于截面的直角边、斜边射入全反射棱镜时,光在截面的斜边和直角边上发生了全反射,试完成光路图。

**分析**:全反射棱镜的横截面为等腰直角三角形,光从空气垂直斜边射入棱镜时,光的传播方向不变,接着光线在棱镜内先后两次以入射角为45°射入空气,而一般玻璃的临界角在42°左右,所以入射角大于临界角,光将在直角边 $AB$、$BC$ 上发生全反射。当光垂直于截面的直角边射入棱镜时,光在截面的斜边上发生全反射,光射出棱镜时,传播方向改变了90°。当光垂直于截面的斜边射入棱镜时,在直角边上各发生一次全反射,使光的传播方向改变了180°。

**解**:光路图如图9-3-3所示。

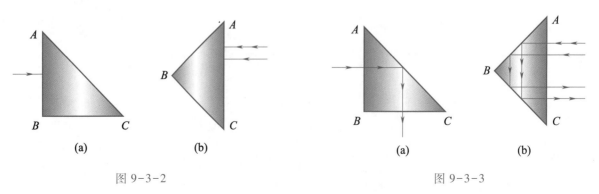

图 9-3-2　　　　　　　　　　　　　　　　图 9-3-3

**方法指导**:根据发生全反射的条件和全反射棱镜的光学特性完成光路图。

📝 **三、素养提升训练**

1. 填空题

（1）运用全反射棱镜和平面镜对光的＿＿＿＿＿＿规律,可以分别用两个＿＿＿＿＿＿棱镜和用两个＿＿＿＿＿＿镜制作简易潜望镜。前者比后者的光学性能好,实际制作潜望镜选用＿＿＿＿＿＿棱镜。

（2）比较分别利用全反射棱镜和一般平面镜制作的两种潜望镜观察效果的异同,这种方法称为＿＿＿＿＿法。

*（3）全反射棱镜的横截面为＿＿＿＿＿＿三角形,当光从空气垂直于截面的直角边射入棱镜时,在棱镜内光线的入射角＿＿＿＿＿＿临界角,在＿＿＿＿＿＿边上发生全反射;光从空气垂直斜边射入棱镜时,在棱镜内光线的入射角＿＿＿＿＿＿临界角,光在＿＿＿＿＿＿边上各发生一次全反射。

*（4）用全反射棱镜制作的潜望镜观测到的景象是＿＿＿＿＿＿;用相互平行的两个平面镜制作的潜望镜观测到的景象是＿＿＿＿＿。（填"正立"或"倒立"）

2. 单选题

（1）隐蔽在坦克中的坦克兵观察战场上的敌情、科学家在地下室观察火箭的发射、科技工作者隔着厚厚的保护墙来观察有放射性危害的实验场,他们利用的都是（　　　）。

　　A. 潜望镜　　　　　　　　　　B. 望远镜

　　C. 凸面镜　　　　　　　　　　D. 透镜

*（2）如图9-3-4所示,公元前2世纪,汉代初年成书的《淮南万毕术》记载:"高悬大镜,坐见四邻。"东汉高诱注《淮南万毕术》时指出:"取大镜高悬,置水盆于其下,则见四邻矣。"水盆与大镜的组合其实构成了世界上最早的（　　　）装置。

　　A. 潜望镜　　　　　　　　　　B. 望远镜

　　C. 凸面镜　　　　　　　　　　D. 透镜

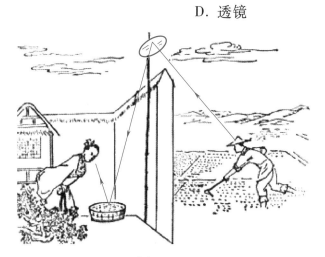

图 9-3-4

\* **3. 简答题**

（1）查阅资料，简述潜望镜的发展历程。

（2）在国防军事上，将用光导纤维制成的光导潜望镜安装在潜艇、坦克和飞机上，用于侦察危险区域或快速移动的目标。查阅资料，简述光导潜望镜的工作原理。

\* **3. 简答题**

# 自我评价反思

针对本主题"素养提升训练"的完成情况,同学们可从核心素养发展、学习行为表现、学习兴趣提升等方面寻找自己的收获与亮点,查找疑惑与不足,并填写表 9-4-1。

表 9-4-1

| 自我评价内容 | 收获与亮点 | 疑惑与不足 |
|---|---|---|
| 物理观念及应用 | | |
| 科学思维与创新 | | |
| 科学实践与技能 | | |
| 科学态度与责任 | | |

## 学业水平测试

（时间：45 min，总分：100 分）

一、填空题（每空 2 分，累计 38 分）

1. 在光的反射现象和折射现象中，光路都是_____的。

2. 光在折射时遵循如下规律：折射光线跟入射光线和法线在_____平面内，折射光线和入射光线分居在_____的两侧；入射角的正弦和折射角的正弦之比等于第二介质与第一介质的_____之比，即_____。

3. 在沙漠里，接近地面的热空气的折射率比上层空气的折射率_____，从远处物体射向地面的光线的入射角_____临界角时，发生_____，人们就会看到远处物体的倒影。

4. 水晶的折射率是 1.54，金刚石的折射率是 2.42，两种介质相比较，折射率大的称为_____介质，折射率小的称为_____介质。

5. 若光线从_____介质进入_____介质，当入射角增大到某一角度时，折射角达到_____，此时_____光线完全消失，只剩下_____光，这种入射光线在介质分界面上被全部反射的现象称为全反射。

*6. 光导纤维可以用来传输声音、图像和文字等信息，其传递信息就是利用光的_____现象。水或玻璃中的气泡看起来特别亮，是由于光射到气泡上发生了_____。

*7. 光线以 60° 入射角从空气射入玻璃中，折射光线与反射光线恰好垂直。则折射角等于_____，玻璃的折射率等于_____。

二、判断题（每题 3 分，累计 18 分）

1. 折射率与光速的关系是 $n=\dfrac{c}{v}$，则 $n$ 大时 $v$ 小。　　　　　　（　　）

2. 光从光密介质射入光疏介质，当入射角不小于临界角时才会发生全反射。　（　　）

3. 折射角与入射角的关系遵从光的折射定律。　　　　　　　　　　　（　　）

4. 光从真空射入任何介质时，入射角都大于折射角。　　　　　　　（　　）

*5. 当光垂直射入两种介质的界面，即入射角为 0° 时，不产生折射现象。　（　　）

*6. 如果没有大气，人们将能早一些看到太阳。　　　　　　　　　　（　　）

三、单选题（每题 5 分，累计 30 分）

1. 关于光的全反射，下列说法正确的是（　　）。

A. 光只要从光密介质射入光疏介质就能发生全反射

B. 只要入射角大就能发生全反射

C. 光从光疏介质射入光密介质,入射角大于临界角时能发生全反射

  D. 光从光密介质射入光疏介质,入射角大于临界角时能发生全反射

2. 关于折射率,下列说法正确的是(  )。

  A. 折射角的正弦与入射角的正弦成正比

  B. 描述光线偏折程度,与入射角大小有关

  C. 根据 $n=\dfrac{c}{v}$ 可知,介质的折射率与光在该介质中的光速成反比

  D. 任何介质的折射率都大于 1

3. 下列实例与光的全反射无关的是(  )。

  A. 海市蜃楼

  B. 全反射棱镜

  C. 沙漠蜃景

  D. 水中的鱼看起来比实际的要浅

4. 关于光纤通信,下列说法错误的是(  )。

  A. 光纤是一种透明的玻璃纤维丝,直径在几微米到一百微米之间

  B. 光纤由纤芯和包层组成,纤芯的折射率大于包层的折射率

  C. 光纤纤芯是光密介质,包层是光疏介质

  D. 光每次射到纤芯和包层的界面上时,入射角小于临界角会发生全反射

*5. 一束红光由空气射到某液体的分界面上,一部分光被反射,一部分光进入液体中。当入射角为 45° 时,折射角为 30°,以下说法正确的是(  )。

  A. 入射角足够大,一定能发生全反射

  B. 该液体对红光的折射率为 $\dfrac{\sqrt{2}}{2}$

  C. 该液体对红光的全反射临界角为 45°

  D. 当一束紫光以同样的入射角从空气射到分界面,折射角也是 30°

*6. 下列关于全反射棱镜的说法不正确的是(  )。

  A. 横截面为等腰直角三角形的三棱镜

  B. 临界角约为 42°

  C. 光垂直于横截面的斜边射入棱镜发生两次全反射,光的传播方向改变 90°

  D. 光垂直于横截面的直角边射入棱镜,再射出棱镜时,光的传播方向改变 90°

*四、作图题(累计 6 分)

  空气中两条光线 a 和 b 从方框左侧入射,分别从方框下方和上方射出,其框外光线如图 9-5-1 所示,方框内有两个折射率 $n=1.5$ 的全反射棱镜,试画出两个全反射棱镜的位置并补全光路图。

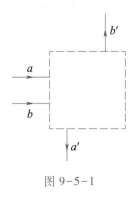

图 9-5-1

五、简答题(每题 4 分,累计 8 分)

1. 炎热的夏季,司机发现在远方地面上有一大摊水能够倒映出周围的车辆等物体(图 9-5-2),但当车开到前方有"水"的地方时发现地面上很干,根本没有水。这是为什么?

图 9-5-2

*2. 1966 年,华裔科学家高锟提出:光通过直径仅几微米的玻璃纤维就可以用来传输大量信息。高锟因此获得 2009 年诺贝尔物理学奖。今天,根据这一理论制造的光导纤维已经被普遍应用于通信领域。试简述光导纤维传输信息的原理。

# 主题十

# 核能及其应用

**知识脉络思维导图**

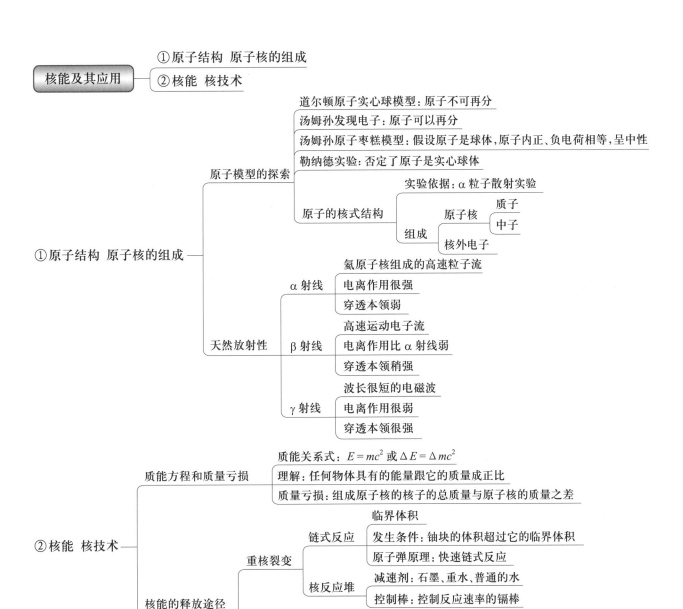

核能及其应用
- ①原子结构 原子核的组成
- ②核能 核技术

①原子结构 原子核的组成
- 原子模型的探索
  - 道尔顿原子实心球模型：原子不可再分
  - 汤姆孙发现电子：原子可以再分
  - 汤姆孙原子枣糕模型：假设原子是球体，原子内正、负电荷相等，呈中性
  - 勒纳德实验：否定了原子是实心球体
  - 原子的核式结构
    - 实验依据：α粒子散射实验
    - 组成
      - 原子核
        - 质子
        - 中子
      - 核外电子
- 天然放射性
  - α射线
    - 氦原子核组成的高速粒子流
    - 电离作用很强
    - 穿透本领弱
  - β射线
    - 高速运动电子流
    - 电离作用比α射线弱
    - 穿透本领稍强
  - γ射线
    - 波长很短的电磁波
    - 电离作用很弱
    - 穿透本领很强

②核能 核技术
- 质能方程和质量亏损
  - 质能关系式：$E=mc^2$ 或 $\Delta E=\Delta mc^2$
  - 理解：任何物体具有的能量跟它的质量成正比
  - 质量亏损：组成原子核的核子的总质量与原子核的质量之差
- 核能的释放途径
  - 重核裂变
    - 链式反应
      - 临界体积
      - 发生条件：铀块的体积超过它的临界体积
      - 原子弹原理：快速链式反应
    - 核反应堆
      - 减速剂：石墨、重水、普通的水
      - 控制棒：控制反应速率的镉棒
  - 轻核聚变
    - 热核反应
    - 氢弹原理：快速热核反应
    - 受控热核反应

# 第一节 原子结构 原子核的组成

## 一、重点难点解析

### （一）原子的核式结构

（1）原子结构的探索过程。

① 道尔顿提出原子实心球模型,认为原子不能再分。

② 汤姆孙发现了电子,认识到原子可以再分,提出了原子枣糕模型。

③ 勒纳德使电子束射到金属膜上,发现较高速度的电子很容易穿透原子,否定了原子是一个实心球体。

④ 卢瑟福根据 α 粒子散射实验的结果,提出了原子的核式结构模型,认为原子是由原子核和核外电子所构成,从而建立了原子的核式结构。卢瑟福用镭放出的 α 粒子去"轰击"氮原子核时,发现了质子。

⑤ 伊凡宁柯和海森伯明确提出原子核是由质子和中子构成的。

（2）原子模型的建构运用了科学假说。基于已有的实验事实提出假说,用此假说不仅要能对已有的实验事实做出合理的解释,还必须不断接受新的实验事实的检验,直到有新的实验事实推翻它为止。

### （二）天然放射性

（1）概念。物质能自发地放出射线的现象,称为天然放射现象。具有放射性的元素称为放射性元素。

① 原子序数大于或等于 83 的元素,都能自发地发出射线,原子序数小于 83 的元素,有的也能放出射线。

② 天然放射现象说明原子核具有复杂的结构。

（2）三种射线。

① 1896 年,法国物理学家贝克勒耳发现某些放射性元素能自发地发出某种射线。通过研究,人们把射线分别称为 α 射线、β 射线和 γ 射线。

② 三种射线的主要性质见表 10-1-1。

表 10-1-1

| 主要性质 | α 射线 | β 射线 | γ 射线 |
|---|---|---|---|
| 组成粒子 | 氦原子核 | 电子 | 电磁波 |

续表

| 主要性质 | α 射线 | β 射线 | γ 射线 |
|---|---|---|---|
| 电性 | 正电荷 | 负电荷 | 不带电 |
| 电离作用 | 很强 | 稍强 | 很弱 |
| 穿透本领 | 最弱<br>用薄纸或铝箔能挡住 | 较强<br>能穿透厚的黑纸或几毫米厚的铝片 | 最强<br>能穿透 30 cm 厚的钢板 |
| 电磁场中的偏转情况 | 偏转 | 与 α 射线反向偏转 | 不偏转 |

## 二、应用实例分析

实例　如图 10-1-1 所示,是某工厂利用射线自动控制生产铝板厚度的装置示意图。如果工厂生产的是厚度为 2 mm 的铝板,在 α、β、γ 三种射线中,对铝板的厚度控制起主要作用的是哪种射线?

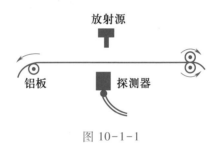

图 10-1-1

分析:γ 射线的穿透本领最强,能穿透几厘米厚的铅板,也能很容易穿透 2 mm 厚的铝板,探测器很难分辨。

β 射线的穿透本领较强,能穿透几毫米厚的铝板,穿透后,β 射线中的电子运动状态不同,探测器容易分辨。

α 射线的穿透本领最弱,用纸能挡住,不能穿透厚度为 2 mm 的铝板,探测器不能探测。

解:对铝板的厚度控制起主要作用的是 β 射线。

方法指导:了解三种射线的主要性质,利用三种射线的贯穿本领进行分析。

## 三、素养提升训练

1. 填空题

（1）1897 年,英国物理学家_____首次发现了电子。1911 年,英国物理学家_____提出原子的核式结构模型。

（2）伊凡宁柯和海森伯都明确提出,原子核是由_____和_____构成的。

（3）物质能自发的放出射线的现象称为_____现象，是于 1896 年由法国物理学家_____发现的。在天然放射线中，α 射线是_____原子核组成的高速粒子流，β 射线是高速运动_____流、γ 射线是波长很短的_____波。

（4）原子模型的建构运用了_____法，这是基于已有的_____提出来的。它一经提出，就不仅要能对已有的实验事实做出合理的解释，还必须不断接受新的实验事实的_____，直到有新的实验事实推翻它为止。

*（5）若某海关截获放射性元素严重超标的矿石，应第一时间将其用双层铅箱密封，做好_____防护，对人体采取保护措施。

*（6）放射性物质对人体伤害的规律是：距离_____越远，_____越短，隔离的"_____"越多，受到的伤害越小。

**2. 判断题**

（1）原子序数小于 83 的元素，都不能放出射线。 （    ）

（2）卢瑟福根据 α 粒子散射实验的结果，提出了原子的核式结构模型。 （    ）

（3）β 射线是光子流。 （    ）

（4）射线只有过强的辐射才会对生物体造成危害。 （    ）

*（5）射线对人体造成危害的程度，主要决定于照射部位和照射剂量。 （    ）

*（6）对于放射性废物，不能随便丢掉，只要深埋于地下就可以。 （    ）

**3. 单选题**

（1）关于天然放射性现象，下列说法正确的是（    ）。

　　A. 天然放射性现象是玛丽·居里（居里夫人）首先发现的

　　B. 天然放射性现象说明了原子核不是单一的粒子

　　C. 原子核能同时放射出 α 粒子和 β 粒子，γ 射线必须伴随 α 或 β 射线而产生

　　D. 任何放射性元素都能同时发出三种射线

（2）关于卢瑟福 α 粒子散射实验，下列说法不正确的是（    ）。

　　A. 绝大多数 α 粒子按原来的方向前进或只发生很小的偏转

　　B. 少数 α 粒子发生了较大的偏转

　　C. 极少数的 α 粒子偏转角度超过了 90°，个别甚至接近 180°

　　D. 表明原子中心的原子核很小，所有 α 粒子飞过受到的斥力都很大

（3）以下几种射线垂直射入匀强磁场，其中不发生偏转的是（    ）。

　　A. α 射线　　　　　　　　　　　　B. β 射线

　　C. γ 射线　　　　　　　　　　　　D. β 和 γ 射线

（4）在放射性物质放出的三种射线中，穿透能力最强的是（    ）。

　　A. α 射线　　　　　　　　　　　　B. β 射线

　　C. γ 射线　　　　　　　　　　　　D. β 和 γ 射线

*（5）"华龙一号"核岛安全壳内侧安装有由 6 mm 厚的钢板制作而成的钢衬里，外部还有

一层钢筋混凝土结构,这样设计的目的是( )。

  A. 有效屏蔽网络信号     B. 防止变形

  C. 密封、防止放射线的外泄   D. 只是为了承受大飞机撞击

*(6) 下列关于辐射防护措施的叙述错误的是( )。

  A. 安检机上安装铅帘就是用来阻隔辐射

  B. 人进入被放射性污染的区域时要穿防化服

  C. 探伤作业时穿绝缘鞋,戴绝缘手套,用铅板做的工业探伤房来做好防护

  D. X射线探伤装置的工作电压不高,作业时不用可靠接地。

*4. 简答题

  电离式烟雾报警器[图10-1-2(a)]被广泛运用到宾馆、办公楼、动车、飞机等各种消防报警系统中,性能远优于气敏电阻类的火灾报警器。电离式烟雾报警器的工作原理如图10-1-2(b)所示,在电离室内有放射源镅-241,它可以放射出微量的射线,在粒子撞击下使附近空气电离,产生大量的正、负离子。查阅资料简述电离式烟雾报警器的报警原理。

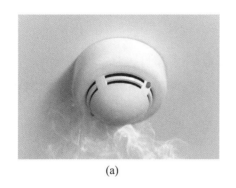

(a)

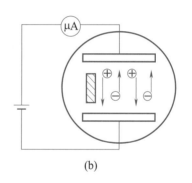

(b)

图 10-1-2

## 四、技术中国

### 探索微观世界的"超级显微镜"——中国散裂中子源

  2018年8月,我国首台、世界第四台脉冲式中子源正式投入运行。它可"拍摄"材料的微观结构,是研究物质材料微观结构的"超级显微镜"。为避免辐射泄露,整个装置建在地下13~18 m深处的隧道内,包括一台80 MeV负氢离子直线加速器,一台周长为228 m的16 BeV环形加速器(图10-1-3),一个靶站,20台中子谱仪(图10-1-4)。

  利用"国之重器"散裂中子源不但可以"看穿"高铁轮轨、飞机机翼、航空发动机等大型金属部件的微观结构,检查它们是否存在"内伤",预测它们的使用寿命,还可以帮助科学家了解

从液态晶体到超导陶瓷、从蛋白质到塑料、从金属到胶粒等各种物质的特性,为我国材料科学、生命科学、资源环境、新能源等方面的基础研究和高新技术开发提供了强有力的研究手段。

图 10-1-3

图 10-1-4

查阅资料,讨论为什么中国散裂中子源要建在 13~18 m 深的地下?

# 第二节　核能　核技术

## 一、重点难点解析

### （一）质能方程和质量亏损

（1）爱因斯坦质能方程。$E = mc^2$ 或 $\Delta E = \Delta mc^2$，表明任何物质具有的能量跟它的质量成正比。

（2）质量亏损。组成原子核的核子的总质量与原子核的质量之差。

（3）核能。核反应中释放的能量。

（4）理解。核子在结合成原子核时出现了质量亏损 $\Delta m$，以能量的形式释放出来，释放出来的核能为 $\Delta E = \Delta mc^2$。

### （二）重核裂变

（1）核裂变。一个重核分裂成两个或几个中等质量的核的核反应。重核裂变时将放出几个中子，并释放出大量的核能。

（2）链式反应。

① 概念：铀核裂变时，同时放出 2~3 个中子，如果这些中子再引起其他铀-235 核裂变，就可使裂变反应不断地进行下去，这种反应称为链式反应。

② 临界体积：能够发生链式反应的铀块的最小体积。

③ 发生链式反应的条件：铀块的体积超过它的临界体积。

（3）原子弹的原理。当铀-235 或钚-239 超过临界体积时，产生快速链式反应，在极短的时间内释放出巨大的能量，产生爆炸。

### （三）轻核聚变

（1）概念。轻核（如氘和氚）结合成质量较大的核（如氦）。

（2）热核反应。物质达到上千万摄氏度以上的高温时，原子的核外电子已经完全和原子脱离，成为等离子体，这时一部分原子核就具有足够的动能，克服相互间的库仑斥力，发生聚变反应。

（3）氢弹的原理。利用原子弹爆炸时产生的高温，使氘、氚发生快速热核反应，在极短时间内释放巨大的能量，产生爆炸。

## 二、应用实例分析

实例　乏燃料是指经受过辐射照射、使用过的核燃料，含有大量的放射性元素，具有放射性。对于核工业生产过程中排出的乏燃料,下列处理措施不妥的是( )。

    A. 乏燃料储运容器可以用不锈钢或锻钢铅等制成

    B. 在核电站的核反应堆外层,用厚厚的水泥来防止放射线外泄

    C. 乏燃料的储存,只用金属作为辐射屏障就可以了

    D. 乏燃料的运输需要用专用运输船

**分析**:放射性物质对人体伤害的规律是距离辐射源越远,受照时间越短,隔离的"屏障"越多,受到的伤害越小。因此必须加以密封或屏蔽防护。

**解**:选择 C。

**方法指导**:按照放射性废物的处理规范判断。

## 三、素养提升训练

**1. 填空题**

(1)物质的质量 $m$ 与它的能量 $E$ 之间的关系为_____或_____,这个公式称为质能关系式,又称为爱因斯坦_____。

(2)核反应中释放的能量称为_____,俗称原子能。核能释放有两个途径:重核_____和轻核_____。

(3)一个重核分裂成两个或几个中等质量的核的核反应称为_____。轻核结合成质量较大的核称为_____。

(4)组成原子核的_____的总质量与_____的质量之差称为原子核的质量亏损。

*(5)铀核裂变时,同时放出 2~3 个中子,如果这些中子再引起其他铀-235 核裂变,就可使_____反应不断地进行下去,这种反应称为_____。能够发生链式反应的铀块的最小体积称为_____。

*(6)原子弹就是利用铀-235 或钚-239 等超过_____产生快速_____反应的原理制成的。氢弹就是利用原子弹爆炸时产生高温使氘、氚发生快速_____反应,在极短时间内释放巨大的能量原理制成的。

**2. 判断题**

(1)过量的放射性会对环境造成污染,对人类和自然界产生破坏作用。    ( )

(2)有的矿石含有过量的放射性物质,若不加防护会对人体能造成巨大危害。  ( )

(3)在利用放射性同位素给患者做"放疗"时对人体没有危害。    ( )

(4)"人造太阳"是指可控地利用核聚变,实现受控热核反应。    ( )

*(5)用过的核废料要放在很厚很厚的重金属箱内,并埋在深海里。    ( )

*(6)能用 α 射线来测量金属板的厚度。    ( )

**3. 单选题**

（1）关于原子核的核能,下列说法正确的是(　　)。

　　A. 核子组成原子核时,所释放的能量

　　B. 核子组成原子核时,所需要吸收的能量

　　C. 原子核分裂成核子的过程中,由质量亏损所吸收的能量

　　D. 原子核所具有的热力学能

（2）对公式 $\Delta E = \Delta mc^2$ 的理解错误的是(　　)。

　　A. 如果物体的能量减少了 $\Delta E$,它的质量也一定相应减少 $\Delta m$

　　B. 如果物体的质量增加了 $\Delta m$,它的能量也一定相应增加 $\Delta mc^2$

　　C. $\Delta m$ 是某原子核在重核裂变过程中产生的质量

　　D. 在把核子结合成原子核时,若放出的能量是 $\Delta E$,这些核子的总质量与其所组成的原子核的质量之差就是 $\Delta m$

（3）为了安全保存核原料,又在需要时能产生重核裂变反应,常将重核原料做成体积相同的两个半球,对这个半球形核工业材料体积的要求是(　　)。

　　A. 大于临界体积　　　　　　　　　B. 等于临界体积

　　C. 小于临界体积　　　　　　　　　D. 大于临界体积的一半且小于临界体积

（4）下列说法正确的是(　　)。

　　A. 铀核裂变时铀块的体积即使很小也能发生链式反应

　　B. 氢弹的威力比原子弹的更大

　　C. 氢弹的威力比原子弹的小

　　D. 不管轻核之间的距离是多少都能发生聚变

*（5）关于重核裂变,以下说法正确的是(　　)。

　　A. 核裂变释放的能量等于它俘获中子时得到的能量

　　B. 中子从铀块通过时,一定发生链式反应

　　C. 重核裂变时释放出大量能量,产生明显的质量亏损,质量要减小

　　D. 重核裂变产生的能量要比轻核聚变产生的能量多

*（6）太阳辐射能量主要来自太阳内部的(　　)。

　　A. 化学反应　　　　B. 放射性衰变　　　　C. 裂变反应　　　　D. 聚变反应

*4. 简答题

收集资料,简述"两弹一星功勋奖章"获得者朱光亚在同位素应用、核电站筹建等方面所做的贡献,我们应学习他哪些科学精神和科学品质?

##  四、技术中国

### 中国的 C 形密封件技术

核反应堆中放置核燃料的压力容器,分为筒体和端盖两部分,其结合面采用 2 个金属密封圈进行密封。直径 4 m 的容器密封件是核安全一级设备的关键零部件,是防止放射性物质泄漏的重要保障。当反应堆处于工作状态时,容器内部的核燃料产生高压和高温,容器端盖和筒体的结合面会产生分离的趋势,此时就需要具备记忆功能的金属密封环发生回弹,弥补该分离,从而实现密封功能,防止核泄漏。

我国科学家自主研发的核电站密封新技术——C 形密封件技术打破了国外长达半个世纪的技术垄断,使我国成为世界上第二个能生产 C 形密封件的国家,达到了国际先进水平,比国外同类产品价格降低了 70% 左右。目前,我国广东核电基地、连云港核电基地、秦山核电基地等有 70% 的设备都使用了国产密封件产品。

# 自我评价反思

针对本主题"素养提升训练"的完成情况,同学们可从核心素养发展、学习行为表现、学习兴趣提升等方面寻找自己的收获与亮点,查找疑惑与不足,并填写表 10-3-1。

表 10-3-1

| 自我评价内容 | 收获与亮点 | 疑惑与不足 |
|---|---|---|
| 物理观念及应用 | | |
| 科学思维与创新 | | |
| 科学实践与技能 | | |
| 科学态度与责任 | | |

## 学业水平测试

（时间：45 min，总分：100 分）

**一、填空题（每空 1 分，累计 28 分）**

1. _____发现了质子，_____发现了中子，_____发现了电子，_____提出了原子的核式结构，_____发现了天然放射现象。

2. 物体的质量 $m$ 与它的能量 $E$ 之间的关系为_____或_____，这个公式称为质能关系式，又称为爱因斯坦_____。

3. 人类认识原子核的复杂结构及变化规律，是从发现_____现象开始的。

4. _____和_____都是原子核的组成成分，统称为_____。

5. 原子核在其他粒子的轰击下产生新原子核的过程，称为_____。一个重核分裂成两个或几个中等质量的核的核反应称为_____。核反应中释放的能量称为_____，俗称_____能。

6. 能够发生链式反应的铀块的最小体积称为_____。

*7. 轻核结合成质量较大的核称为_____。氢弹就是利用_____爆炸时产生高温使氘、氚发生快速_____，在极短时间内_____巨大的能量原理制成的，其威力比原子弹更大。太阳能主要来源于太阳内部的_____。

*8. 组成原子核的_____的总质量与_____的质量之差称为原子核的_____。

*9. 如图 10-4-1 所示，三束射线分别穿透纸、铝板和混凝土，根据 α、β、γ 三种射线的贯穿本领，判断出 $a$、$b$、$c$ 分别是_____射线、_____射线、_____射线。

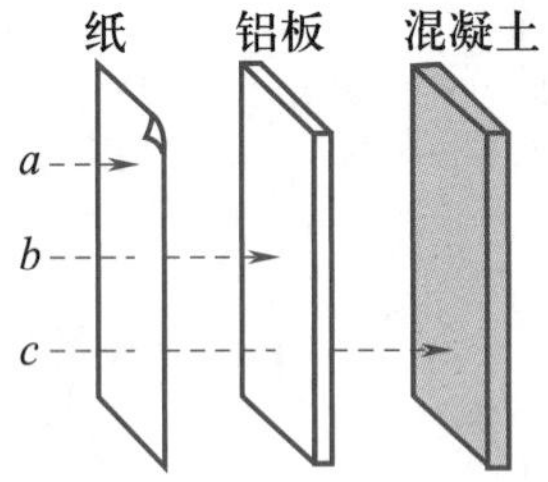

纸　铝板　混凝土

图 10-4-1

**二、判断题（每题 3 分，累计 18 分）**

1. 原子弹爆炸时链式反应的速度是可以控制的。　　　　　　　　　　（　　）

2. 利用射线电离能力，可以通过空气电离来除去纺织车间里的静电。　　（　　）

3. 利用 γ 射线的贯穿性可以为金属探伤，也能进行人体透视。　　　　（　　）

4. 用 γ 射线治疗肿瘤对人体肯定有副作用，因此要科学地控制剂量。　（　　）

*5. 爱因斯坦的质能关系是核能开发和利用的理论依据。 （ ）

*6. 在核电站的核反应堆外层用厚厚的水泥来防止放射线的外泄。 （ ）

三、单选题（每题 6 分,累计 36 分）

1. 关于卢瑟福 α 粒子散射实验的结果,下列说法正确的是（ ）。

　A. 证明了原子的全部正电荷和几乎全部质量都集中在一个很小的核里

　B. 证明了原子核是由质子和中子组成的

　C. 证明了质子的存在

　D. 说明了原子中的电子只能在某些轨道上运动

2. 原子核的组成是（ ）。

　A. 由电子和中子组成

　B. 由电子和质子组成

　C. 由正、负电子组成

　D. 由质子和中子组成

3. 关于放射线的应用,下列说法错误的是（ ）。

　A. 利用射线穿透作用进行金属探伤、测厚

　B. 利用电离作用消除有害静电

　C. 对生物组织进行育种、治病、杀虫、保鲜

　D. 利用射线可以诊断但不能治疗

4. 对于核能的理解,下列说法中正确的是（ ）。

　A. 核能是原子核中所有粒子所具有的总能量

　B. 核能是原子核中的质子在静电场中所具有的总能量

　C. 核能是核反应时释放的能量

　D. 核能只有在重核裂变时才能释放

*5. 在工业生产中,某些金属材料内部出现的裂痕给生产带来极大的危害,裂痕无法直接观察到,但可利用放射线进行探测,这是利用了（ ）。

　A. α 射线的电离作用强

　B. β 射线的带电性质

　C. γ 射线的贯穿本领

　D. 放射性元素的示踪本领

*6. 带电的验电器在放射线照射下,其电荷会很快消失,原因是（ ）。

　A. 射线的电离作用

　B. 射线的贯穿作用

　C. 射线的物理作用

　D. 射线的化学作用

四、简答题(18分)

我们在工厂、矿区、工地等地方工作或参观时,有可能看到如图 10-4-2 所示的警示标志。这类标志表示什么意思?应该怎样进行有效防护?

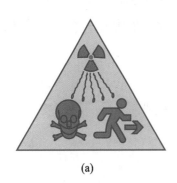
(a)

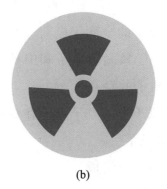
(b)

图 10-4-2

四、简答题(18分)

## 郑重声明

### 读者意见反馈

为收集对教材的意见建议，进一步完善教材编写并做好服务工作，读者可将对本教材的意见建议通过如下渠道反馈至我社。

咨询电话 400-810-0598

反馈邮箱 zz_dzyj@pub.hep.cn

通信地址 北京市朝阳区惠新东街4号富盛大厦1座

高等教育出版社总编辑办公室

邮政编码 100029

### 防伪查询说明

用户购书后刮开封底防伪涂层，使用手机微信等软件扫描二维码，会跳转至防伪查询网页，获得所购图书详细信息。

防伪客服电话

（010）58582300

### 学习卡账号使用说明

一、注册/登录

访问http://abook.hep.com.cn/sve，点击"注册"，在注册页面输入用户名、密码及常用的邮箱进行注册。已注册的用户直接输入用户名和密码登录即可进入"我的课程"页面。

二、课程绑定

点击"我的课程"页面右上方"绑定课程"，在"明码"框中正确输入教材封底防伪标签上的20位数字，点击"确定"完成课程绑定。

三、访问课程

在"正在学习"列表中选择已绑定的课程，点击"进入课程"即可浏览或下载与本书配套的课程资源。刚绑定的课程请在"申请学习"列表中选择相应课程并点击"进入课程"。

如有账号问题，请发邮件至：4a_admin_zz@pub.hep.cn。